国网宁夏电力有限公司
35~110kV 输变电工程典型造价

国网宁夏电力有限公司
国网宁夏电力有限公司经济技术研究院　　著

中国电力出版社
CHINA ELECTRIC POWER PRESS

内 容 提 要

本书旨在通过对国网宁夏电力有限公司 35~110kV 输变电工程的典型方案进行深入剖析，总结得出电网工程建设的造价规律和特点，为今后输变电工程投资决策、设计、施工等环节提供科学、合理的参考依据。同时，为电力行业其他单位在类似工程中的造价管理提供借鉴和参考。

全书共包含 6 个章节，全面阐述输变电工程造价控制水平。第 1 章总论，详细介绍了典型造价编制原则、主要特点和编制依据。第 2 章着重介绍了典型方案、子模块技术经济指标及使用说明。第 3 章、第 4 章详细阐述了 35~110kV 电压等级变电站典型方案及子模块的主要技术条件、主要电气设备材料表、建筑工程量表和预算书等内容。第 5 章、第 6 章主要介绍了 110kV 电压等级输电线路的典型方案主要技术条件和预算等内容。

本书可供输变电工程生产技术改造项目管理相关人员、项目评审单位参考使用，也可供从事电力行业规划、设计、建设、运维等相关工作的专业技术人员学习使用。

图书在版编目（CIP）数据

国网宁夏电力有限公司 35～110kV 输变电工程典型造价 / 国网宁夏电力有限公司，国网宁夏电力有限公司经济技术研究院著. -- 北京：中国电力出版社，2024.

11. -- ISBN 978-7-5198-9388-0

Ⅰ. TM7；TM63

中国国家版本馆 CIP 数据核字第 2024TW6973 号

出版发行：中国电力出版社

地　　址：北京市东城区北京站西街 19 号（邮政编码 100005）

网　　址：http://www.cepp.sgcc.com.cn

责任编辑：马淑范（010-63412397）

责任校对：黄 蓓 马 宁

装帧设计：赵丽媛

责任印制：杨晓东

印　　刷：北京天宇星印刷厂

版　　次：2024 年 11 月第一版

印　　次：2024 年 11 月北京第一次印刷

开　　本：710 毫米×1000 毫米　16 开本

印　　张：16

字　　数：235 千字

定　　价：68.00 元

本书编委会

主　　任　潘　勇

副主任　张　强　齐　屹

委　　员　薛　东　丁向阳　袁和刚　唐茂林　王诚良
　　　　　夏　峻

编审工作组

编写人员　刘小敏　肖艳利　刘尚科　俱　鑫　王　铮
　　　　　白　斌　孙　赓　刘媛媛　赵　瑞　白春叶
　　　　　万　晔　黄佳睿　刘　桐　谢春雷　彭　璇
　　　　　汪佳琪　解媛媛　席照莉　牛靖宇　杨　森
　　　　　张艳玲

审稿人员　余　涛　何勇萍　冯　斌　于　波　苏艳萍
　　　　　谢蕊娟　桂晓明　李广平　常盛楠　潘镜汀
　　　　　刘　峥　王文利　庞　涛　李海霞　侯晓明
　　　　　宋　力　王　悦　姚　佳　吕映霞　贾　忠
　　　　　毕小囡　苏　文

前　言

　　能源是经济社会发展的重要物质基础和动力源泉。2024 年是实现"十四五"规划目标任务的关键一年，政府工作报告对电力行业发展作出新部署、提出新要求，提出要深入推进能源革命、稳妥推进"双碳"目标、加快规划建设新型电力系统等，为新征程上推动能源高质量发展指明了方向。国网宁夏电力有限公司作为我国西北地区重要的电力企业，肩负着为宁夏回族自治区及周边提供稳定、安全、高效电力供应的重要使命。为提升电网高质量发展水平，满足日益增长的电力需求，国网宁夏电力有限公司结合宁夏地区 35～110kV 输变电工程建设特点，合理确定具有宁夏特色且达到施工图预算深度的 35～110kV 输变电工程典型方案，科学编制《国网宁夏电力有限公司 35～110kV 输变电工程典型造价》，为 35～110kV 输变电工程技经管理提供参考标尺。

　　本书旨在通过对国网宁夏电力有限公司 35～110kV 输变电工程的典型方案进行深入剖析，总结得出电网工程建设的造价规律和特点，为今后输变电工程投资决策、设计、施工等环节提供科学、合理的参考依据。同时，为电力行业其他单位在类似工程中的造价管理提供借鉴和参考。

　　全书共包含 6 章，全面阐述输变电工程造价控制水平。

　　第 1 章总论，详细介绍了编制依据、编制特点和应用总体原则。第 2

章着重介绍了典型方案、子模块技术经济指标及使用说明。第 3 章、第 4 章详细阐述了 35～110kV 电压等级变电站典型方案及子模块的主要技术条件、主要电气设备材料表、建筑工程量表和预算书等内容。第 5 章、第 6 章主要介绍了 110kV 电压等级输电线路的典型方案主要技术条件和预算等内容。

　　本书在编写的过程中，得到了国网宁夏电力有限公司相关部门和专家的大力支持，在此表示衷心的感谢。由于时间和能力所限，本书可能存在不足之处，敬请广大读者批评指正。

编　者

Contents

目　录

1 总　论

1.1　概　述

党的二十大报告指出，高质量发展是全面建设社会主义现代化国家的首要任务。近年来，宁夏回族自治区抢抓建设黄河流域生态保护和高质量发展先行区、"双碳"等国家战略叠加的机遇，保持强劲的发展态势。国网宁夏电力有限公司（以下简称"国网宁夏电力"）为助力区域经济发展，精益求精抓安全，精雕细刻提质量，精准管控保进度，精耕细作抓技术，精打细算控造价，精心培育强队伍，促进电网高质量发展。为重点抓好"精打细算控造价"的任务使命，国网宁夏电力以"管造价、控投资、增价值"为纲领，以造价标准化建设、规范化管理、精准化投资为切入点，聚焦电网建设项目前期估算、概算管理，探索开展宁夏电网 35～110kV 输变电工程典型造价测算研究，为强化电网工程造价精益化管理、助力电网企业提质增效、保障工程高质量建设提供了重要支撑。

《国网宁夏电力有限公司 35～110kV 输变电工程典型造价（2023 年版）》以提升电网工程高质量发展、精益化管理和标准化建设为核心目标，以推动工程造价精准管控为重点任务，紧密联系宁夏输变电工程建设的实际需求和管理实践，综合考虑绿色发展、科技进步、资源节约、环境保护等多方面因素，结合《国网宁夏电力有限公司 35～110kV 输变电工程典型施工图通用设计（2023 年版）》，科学确定具有宁夏特色且达到施工图预算深度的 35～110kV 输变电工程典型造价方案，同时依据新的计价标准和费用计列原则，编制了一套既能满足当前建设需求又适应未来发展趋势的输变电工程典型造价。

本书体现了国网宁夏电力近年来在输变电工程造价方面的典型经验和平均水平，为输变电工程建设的科学决策提供了理论依据，对于构建现代一流电

1

网、支持国家能源战略和促进区域经济发展具有重要意义。

本书适用于国网宁夏电力 35～110kV 输变电工程可研估算、初设概算编制与评审（审查）工作，可作为建设管理单位、设计单位、评审单位等工程造价管理的工作指导书。

1.2 输变电工程典型造价编制与应用原则

1.2.1 编制依据

（1）《国网宁夏电力有限公司 35～110kV 输变电工程典型施工图通用设计（2023 年版）》

（2）《电网工程建设预算编制与计算规定（2018 年版）》

（3）《电力建设工程预算定额 第一册 建筑工程（2018 年版）》

（4）《电力建设工程预+算定额 第三册 电气设备安装工程（2018 年版）》

（5）《电力建设工程预算定额 第四册 架空输电线路工程（2018 年版）》

（6）《电力建设工程预算定额 第六册 调试工程（2018 年版）》

（7）《电力建设工程预算定额 第七册 通信工程（2018 年版）》

（8）《电力建设工程装置性材料预算价格（2018 年版）》

（9）《电力建设工程装置性材料综合预算价格（2018 年版）》

（10）《关于发布 2018 版电力建设工程概预算定额 2022 年度价格水平调整的通知》（定额总站定额〔2023〕1 号）（详见附录 A）

（11）《电网工程设备材料信息价》（详见附录 B）

（12）《宁夏工程造价》（详见附录 C）

（13）《关于落实〈国家发改委关于进一步放开建设项目专业服务价格的通知〉（发改价格〔2015〕299 号）的指导意见》（中电联定额〔2015〕162 号）

（14）《财政部 税务总局 海关总署关于深化增值税改革有关政策的公告》（财税〔2019〕39 号文）

（15）《国网办公厅关于印发输变电工程三维设计费用计列意见的通知》（办基建〔2018〕73 号）

（16）《关于〈输变电工程环保水保监测与验收费用计列指导意见〉的批复》（定额〔2023〕16 号）

（17）《国家电网有限公司电力建设定额站关于颁布〈输电线路工程溶洞和流沙地基处理补充定额〉等 4 项企业计价依据的通知》（国家电网电定〔2023〕25 号）

1.2.2　编制特点

本书涵盖了 35～110kV 的 5 类变电工程、6 类架空线路工程的典型方案造价，编制特点如下：

1. 方案典型，全面覆盖

典型造价方案与《国网宁夏电力有限公司 35～110kV 输变电工程典型施工图通用设计（2023 年版）》方案逐一对应，通过典型造价方案与模块灵活组合，实现典型造价对实际工程覆盖率达 100%，满足工程造价管理全覆盖的目标。

2. 内容深化，造价精益

基于施工图深度的《国网宁夏电力有限公司 35～110kV 输变电工程典型施工图通用设计（2023 年版）》，结合宁夏地区 35～110kV 输变电工程机械化施工、装配式建筑、绿色建筑等新技术、新工艺、新材料的应用，对典型造价方案的技术经济条件进行全面细化，同时采用预算定额深化预算文件编制，形成施工图水平的典型造价，实现工程造价精准控制。

3. 标准统一，编制科学

统一编制原则、编制深度及编制依据，综合考虑最新计价标准、工程建设及工程结算实际情况，采用科学分析方法确定基本假设条件、计价依据未明确费用水平及设备材料价格水平，体现近年宁夏 35～110kV 输变电工程造价的平均水平。

4. 使用灵活，简洁适用

典型方案造价与模块造价界限清晰，能够依据实际工程技术条件，自由拼接、灵活组合，最大限度地满足输变电工程方案需要，增强典型造价的适用性和灵活性。

1.2.3 应用总体原则

本典型造价在推广应用中应与通用设计、多维立体参考价协调统一，从工程实际出发，充分考虑电网工程技术进步、国家政策调整等各类造价影响因素，有效控制工程造价。应用总体原则如下：

（1）处理好与通用设计的关系。典型造价在通用设计的基础上，按照工程造价管理的要求，引入模块化分析计算方法，增加了方案的适应性和灵活性。典型造价与通用设计的侧重点不同，但编制原则、技术条件一致，因此，在应用中可根据两者的特点，相互补充利用。

（2）处理好与多维立体参考价的关系。多维立体参考价是评价工程投资合理性、方案技术经济指标先进性的宏观管理标尺。典型造价是进行工程投资细致分析、比较，作为评价工程投资合理与否的标准和衡量尺度，在应用时需妥善处理好两者的关系，加强工程造价管控。

（3）因地制宜，加强对影响工程造价各类费用的控制。典型造价按照《电力建设工程定额和费用计算规定（2018 年版）》计算了每个典型方案及模块各类费用的具体造价，对于计价依据明确的费用，在实际工程设计、评审、管理中必须严格把关；对于建设场地征用及清理费用等随地区及工程差异较大、计价依据未明确的费用，应进行合理的比较、分析、控制。

2 典型方案、子模块技术经济指标及使用说明

2.1 典型方案、子模块技术经济指标

2.1.1 变电站典型方案及子模块

35～110kV 变电站典型造价在《国网宁夏电力有限公司 35～110kV 输变电工程典型施工图通用设计（2023 年版）》的基础上，结合宁夏地区工程建设实际情况，深化各电压等级变电站通用设计方案，达到施工图预算编制深度，采用新形势下典型造价编制依据及原则，最终编制形成施工图预算深度的 35～110kV 变电站典型造价方案 5 个、子模块造价方案 12 个。各典型方案及其子模块主要技术经济指标详见表 2–1、表 2–2。

表 2–1   35～110kV 变电站典型方案主要技术经济指标一览表

典造方案编号	建设规模	接线型式	总布置及配电装置	围墙内占地面积 hm²/总建筑面积 m²	静态投资（万元）	单位投资（元/kVA）
NX–110–B–1（35&10）	主变压器：2×50MVA 出线：110kV 2 回，35kV 6 回，10kV 16 回 每台主变压器 10kV 侧无功：并联电容器 2 组	110kV：单母线分段 35kV：单母线分段 10kV：单母线分段	110kV 与主变压器场地户外平行布置； 110kV：户外 HGIS，架空出线； 35kV、10kV：户内开关柜，电缆出线	0.4521/640	4664	466.4
NX–110–B–1（10）	主变压器：2×50MVA 出线：110kV 2 回，10kV 24 回 每台主变压器 10kV 侧无功：并联电容器 2 组	110kV：单母线分段 10kV：单母线分段	110kV 与主变压器场地户外平行布置； 110kV：户外 HGIS，架空出线； 10kV：户内开关柜，电缆出线	0.4521/640	4231	423.1

续表

典造方案编号	建设规模	接线型式	总布置及配电装置	围墙内占地面积 hm²/总建筑面积 m²	静态投资（万元）	单位投资（元/kVA）
NX-110-A2-6	主变压器：2×50MVA 出线：110kV 2 回，10kV 24 回 每台主变压器 10kV 侧无功：并联电容器 2 组	110kV：单母线分段 10kV：单母线分段	全户内一幢楼布置； 110kV：户内 GIS，电缆出线； 10kV：户内移开式开关柜双列布置，电缆出线	0.3560/1150	4932	493.2
NX-110-A3-2	主变压器：2×50MVA 出线：110kV 2 回，35kV 8 回，10kV 16 回 每台主变压器 10kV 侧无功：并联电容器 2 组	110kV：单母线分段 35kV：单母线分段 10kV：单母线分段	半户内一幢楼布置，主变压器户外布置； 110kV：户内 GIS，电缆出线； 35kV、10kV：户内开关柜双列布置，电缆出线，35kV 采用充气式开关柜，10kV 采用移开式开关柜	0.4371/1242	5319	531.9
NX-35-E1-2	主变压器：2×10MVA 出线：35kV 2 回，10kV 8 回 每台主变压器 10kV 侧无功：并联电容器 2 组	35kV：单母线 10kV：单母线分段	主变压器户外布置； 35kV、10kV：充气式开关柜，设 2 个预制舱式一、二次组合设备	0.1325/50	2003	1001.5

表 2-2　35～110kV 变电站典型方案子模块主要技术经济指标一览表

序号	典型方案			子模块			
	类型	通用设计方案编号	典型造价方案编号	模块编号	模块内容	静态投资（万元）	适用范围
1	户外 HGIS	NX-110-B-1	NX-110-B-1（35&10）	NX-110-B-1（35&10）-ZB	增减一台主变压器（50MVA，三绕组）	691	适用于 NX-110-B-1（35&10）方案
				NX-110-B-1-110	增减一回 110kV 架空出线	154	适用于 NX-110-B-1 方案
				NX-110-B-1-35	增减一回 35kV 电缆出线	44	110kV、35kV 方案通用
				NX-110-B-1-10	增减一回 10kV 电缆出线	14	110kV、35kV 方案通用

续表

序号	典型方案			子模块			
	类型	通用设计方案编号	典型造价方案编号	模块编号	模块内容	静态投资（万元）	适用范围
1	户外HGIS	NX-110-B-1	NX-110-B-1（35&10）	NX-110-B-1-10C	增减一组10kV电容器（3600kvar）	52	适用于NX-110-B-1（35&10）、NX-110-B-1（10）方案
2			NX-110-B-1（10）	NX-110-B-1（10）-ZB	增减一台主变压器（50MVA，双绕组）	545	适用于NX-110-B-1（10）
3	户内GIS	NX-110-A2-6	NX-110-A2-6	NX-110-A2-6-ZB	增减一台主变压器（50MVA，双绕组）	541	适用于NX-110-A2-6方案
				NX-110-A2-6-110	增减一回110kV电缆出线	150	适用于NX-110-A2-6、NX-110-A3-2方案
				NX-110-A2-6-10C	增减一组10kV电容器（4800kvar）	46	适用于NX-110-A2-6、NX-110-A3-2方案
4	半户内GIS	NX-110-A3-2	NX-110-A3-2	NX-110-A3-2-ZB	增减一台主变压器（50MVA，三绕组）	667	适用于NX-110-A3-2方案
5	户外	NX-35-E1-2	NX-35-E1-2	NX-35-E1-2-ZB	增减一台主变压器（10MVA）	195	适用于NX-35-E1-2方案
				NX-35-E1-2-10C	增减一组10kV电容器（1000kvar）	56	适用于NX-35-E1-2方案

2.1.2 架空输电线路典型方案

架空输电线路典型造价在《国网宁夏电力有限公司 35～110kV 输变电工程典型施工图通用设计（2023 年版）》的基础上，结合宁夏地区工程建设实际情况，深化形成符合施工图预算编制深度的 110kV 架空线路技经指标方案，采用新形势下典型造价编制依据及原则，编制形成施工图预算深度的 110kV 架空输电线路典型造价方案 6 个，各典型方案主要技术经济指标详见表 2-3。

表 2-3　　　　110kV 线路典型方案主要技术经济指标一览表

序号	典型方案编号	回路数	导地线规格型号	气象条件	主要杆塔型式	地形	单位路径长度静态投资（万元/km）
1	1B2-P					平地	89.93
2	1B2-Q	单回	2×LGJ-240/30 兼 LGJ-400/35	覆冰 10mm 风速 27m/s	猫头型/干字型	丘陵	94.93
3	1B2-S					山地	102.30
4	1E2-P					平地	136.53
5	1E2-Q	双回	2×LGJ-240/30 兼 LGJ-400/35	覆冰 10mm 风速 27m/s	鼓型	丘陵	143.00
6	1E2-S					山地	161.37

2.2　典型方案、子模块造价使用说明

输变电工程典型造价在推广应用中应与通用设计相协调，并根据实际工程技术条件，选用相应方案及模块，通过拼接调整，形成对应实际工程的参考造价，对实际工程造价进行评审和控制。

2.2.1　变电站典型方案使用说明

1. 方案调整组合

方案选择：根据实际工程建设条件进行必要的调整，即以与实际工程建设规模、主接线型式和配电装置型式接近的典型方案为基础，使用者根据实际工程技术条件，从典型方案中选择合适或相近的典型方案造价作为变电站造价的基础，然后按照实际工程的条件调整子模块，计算出相应的典型造价。

规模调整：当实际工程出线回路数、设备配置与设计方案不同时，通过增减子模块典型方案进行调整，使其规模与实际工程一致。

2. 典型造价应用

根据典型造价"方案与模块技术、设备材料表和工程量"的标准化、统一化和合理化的原则，将实际工程建设条件利用子模块进行调整，获得典型造价条件

的预算后，要对与实际工程概预算偏差部分进行分析。分析的主要内容如下：

（1）设备材料价格分析。典型造价设备、材料以国家电网有限公司电力建设定额站发布的电网工程设备材料信息价（具体设备材料价格见附录）为基准，实际工程设备材料价格与典型造价设备材料价格不同时，可以通过设备材料单价的对比，分析设备材料价格对整体造价水平的影响。

（2）建筑、安装工程费用分析。根据实际工程特点，对照典型造价设计技术条件和工程量清册中的内容和数量进行对比，比较有关单项工程、分部分项工程量等的不同，分析建筑、安装工程费用对整体造价水平的影响。

（3）其他费用分析。根据实际工程特点，对比分析其他费用计列差异，并具体分析其他费用对整体造价水平的影响。

3. 方案造价使用说明

（1）典型方案使用说明。

a. 建筑外墙均按一体化水泥纤维集成化墙板考虑计列。

b. 防火墙按预制墙板考虑计列；户外电缆沟按预制缆沟考虑计列；围墙按装配式围墙考虑计列。

c. 未考虑场地平整、地基处理、挡土墙、护坡、防洪排水沟、反恐防撞墩、光伏板等，根据工程实际计列的特殊费用，在与典型方案对比时，应根据工程实际情况合理调整后进行对比分析。

d. 站外道路、站外水源、站外排水、站外电源按单位造价指标乘以宁夏地区各电压等级常规规模在典型方案中计列，与典型方案对比时，根据工程实际长度乘以单位造价指标合理调整后进行对比分析。单位造价指标详见表 2-4。

表 2-4　站外道路、站外水源、站外排水、站外电源单位造价指标表

序号	项目	单位造价（万元/km）	典型造价方案假定规模	费用（万元）
1	站外道路	160	长 200m、宽 4m，采用混凝土道路	32
2	站外水源	50	长度 500m，管径综合考虑	25
3	站外排水	50	长度 200m，管径综合考虑	10
4	站外电源	15	10kV 架空输电线路 2km	30

e. 辅助设备智能控制系统按全站配置一套考虑，包括一次设备在线监测子系统、火灾消防子系统、安全防卫子系统、动环子系统、智能锁控子系统、智能巡视子系统等。可根据实际工程情况对辅助设备智能控制系统调整后进行对比分析。

（2）子模块方案使用说明。

a. 35～110kV 变电站总图设计、水工及消防和采暖通风专业不划分子模块，统一在典型方案中考虑。

b. NX－110－B－1－35、NX－110－B－1－10、NX－110－A2－6－ZB、NX－110－A2－6－110、NX－110－A2－6－10C 子模块中未计列建筑工程量，统一在前期一次建设完成。

c. 变电站扩建间隔工程中的措施费和企业管理费按新建工程的 1.8 系数计算，扩建主变压器工程中的措施费和企业管理费按新建工程的 1.6 系数计算。

d. 子模块设备配置选型均与变电站前期设计保持一致。

e. 子模块边界的确定原则与通用设计基本一致并包含相应控制、保护、通信、远动等设备。

f. 子模块仅包含该模块系统内设备安装、设备购置及建筑工程、其他费用内容，相应工程量具体详见各子模块设备材料表。

（3）未明确费用及其他费用使用说明。

a. 建设场地征用及清理费综合考虑土地征用费、施工场地租用费、迁移补偿费、余物清理费、水土保持补偿费等费用，按单位造价指标乘以宁夏地区各电压等级常规规模在典型方案中计列，与典型方案对比时，根据工程实际规模乘以单位造价指标合理调整后进行对比。单位造价指标详见表 2－5。

表 2－5　　　　　　建设场地征用及清理费单位造价指标表

序号	项目	方案名称	单位造价（万元/亩）
1	建设场地征用及清理费	110kV 变电站	10
		35kV 变电站	

注　1 亩≈666.67 米²。

b. 未考虑大件运输措施费、桩基检测费、使用草地可行性研究费用、变电站电力监控系统安全等级保护测评和安全防护评估费用等，根据工程实际计列的特殊费用，在与典型方案对比时，应根据工程实际情况合理调整后进行对比分析。

c. 项目前期工作费的可行性研究费用、环境影响评价费用、建设项目规划选址费、水土保持方案编审费用、地质灾害危险性评估费用、地震安全性评价费用、文物调查费用、矿产压覆评估费用、用地预审费用、节能评估费用、社会稳定风险评估费用、使用林地可行性研究费用均按照《关于落实〈国家发改委关于进一步放开建设项目专业服务价格的通知〉（发改价格〔2015〕299 号）的指导意见》（中电联定额〔2015〕162 号）中对于项目前期工作费的计列要求，依据宁夏地区工程建设实际情况对费用项目及费用水平进行明确，详见表 2-6。因项目前期管理需要，需开展土地复垦报告编制工作，该费用归集至项目前期工作费，费用标准依据宁夏地区工程建设实际情况计列。

表 2-6　　　　典型造价变电站工程前期工作费造价指标表

序号	项目前期工作费用名称	费用标准（35kV 变电站）	费用标准（110kV 变电站）
1	可行性研究费用	14 万元/站	28 万元/站
2	环境影响评价费用	5.6 万元/站	5.6 万元/站
3	建设项目规划选址费	7 万元/站	10.5 万元/站
4	水土保持方案编审费用	7 万元/站	10.5 万元/站
5	地质灾害危险性评估费用	5.6 万元/站	7 万元/站
6	地震安全性评价费用	10.5 万元/站	14 万元/站
7	文物调查费用	3.5 万元/站	5.6 万元/站
8	矿产压覆评估费用	3.5 万元/站	5.6 万元/站
9	用地预审费用	7 万元/站	8.4 万元/站
10	节能评估费用	3.5 万元/站	3.5 万元/站
11	社会稳定风险评估费用	7 万元/站	7 万元/站
12	使用林地可行性研究费用	2.1 万元/站	3.5 万元/站
13	前期工作管理费用	暂未考虑，根据工程实际情况审核确定	
14	土地复垦报告编制费用	3 万元/站	5 万元/站

d. 勘察费参照相关文件及历年结算工程综合测算单价计列，具体工程可按国家电网有限公司输变电工程勘察设计费计列标准自行调整或换算。

e. 工程保险费依据宁夏地区 2023 年度输变电工程实际情况计列，包括安装工程一切险、建设工程合同款支付保险。

f. 其他费用计费原则详见表 2-7。

表 2-7　　　　　典型造价变电站工程其他费用表

序号	工程或费用名称	编制依据及计算说明
1	建设场地征用及清理费	10 万/亩
2	项目建设管理费	
2.1	项目法人管理费	（建筑工程费＋安装工程费）×费率
2.2	招标费	（建筑工程费＋安装工程费）×费率
2.3	工程监理费	（建筑工程费＋安装工程费）×费率
2.4	设备材料监造费	监造设备购置费×费率
2.5	施工过程造价咨询及竣工结算审核费	（建筑工程费＋安装工程费）×费率
2.6	工程保险费	
2.6.1	安装工程一切险	（建筑工程费＋安装工程费＋设备购置费）×费率（0.07%）
2.6.2	建设工程合同款支付保险	（建筑工程费＋安装工程费）×10%×费率（0.45%）
3	项目建设技术服务费	
3.1	项目前期工作费	
3.1.1	可行性研究费用	依据表 2-3 计列
3.1.2	环境影响评价费用	依据表 2-3 计列
3.1.3	建设项目规划选址费	依据表 2-3 计列
3.1.4	水土保持方案编审费用	依据表 2-3 计列
3.1.5	地质灾害危险性评估费用	依据表 2-3 计列
3.1.6	地震安全性评价费用	依据表 2-3 计列
3.1.7	文物调查费用	依据表 2-3 计列
3.1.8	矿产压覆评估费用	依据表 2-3 计列
3.1.9	用地预审费用	依据表 2-3 计列
3.1.10	节能评估费用	依据表 2-3 计列

序号	工程或费用名称	编制依据及计算说明			
3.1.11	社会稳定风险评估费用	依据表 2–3 计列			
3.1.12	使用林地可行性研究费用	依据表 2–3 计列			
3.1.13	前期工作管理费用	暂未考虑，根据工程实际情况审核确定			
3.1.14	土地复垦报告编制费用	依据表 2–3 计列			
3.2	知识产权转让与研究试验费	暂未考虑，根据工程实际情况审核确定			
3.3	勘察设计费				
3.3.1	勘察费	35kV 变电站典型方案按 15 万元/站计列			
		110kV 变电站典型方案按 30 万元/站计列			
3.3.2	设计费	中电联定额〔2015〕162 号			
3.3.3	三维设计费	办基建〔2018〕73 号			
3.4	设计文件评审费				
3.4.1	可行性研究设计文件评审费	35kV	新建工程	2 组	2.04 万元
			扩建主变压器工程	1 组	0.7 万元
			扩建间隔工程		0.35 万元
		110kV	新建工程	2 组	6 万元
			扩建主变压器工程	1 组	1.4 万元
			扩建间隔工程		0.6 万元
3.4.2	初步设计文件审查费	35kV	新建工程	2 组	3.6 万元
			扩建主变压器工程	1 组	1.5 万元
			扩建间隔工程		0.5 万元
		110kV	新建工程	2 组	9 万元
			扩建主变压器工程	1 组	2 万元
			扩建间隔工程		0.8 万元
3.4.3	施工图文件审查费	35kV	新建工程	2 组	4.8 万元
			扩建主变压器工程	1 组	2 万元
			扩建间隔工程		0.7 万元
		110kV	新建工程	2 组	12.6 万元
			扩建主变压器工程	1 组	2.5 万元
			扩建间隔工程		1 万元

续表

序号	工程或费用名称	编制依据及计算说明
3.5	项目后评价费	不计列
3.6	工程建设检测费	
3.6.1	电力工程质量检测费	（建筑工程费＋安装工程费）×费率
3.6.2	特种设备安全监测费	暂未考虑，根据工程实际情况审核确定
3.6.3	环境监测及环境保护验收费	35kV 变电站典型方案按 3.77 万元/站计列
		110kV 变电站典型方案按 11.3 万元/站计列
3.6.4	水土保持监测及验收费	35kV 变电站典型方案按 5.5 万元/站计列
		110kV 变电站典型方案按 18.09 万元/站计列
3.6.5	桩基检测费	暂未考虑，根据工程实际情况审核确定
3.7	电力工程技术经济标准编制管理费	（建筑工程费＋安装工程费）×费率
4	生产准备费	
4.1	管理车辆购置费	不计列
4.2	工器具及办公家具购置费	（建筑工程费＋安装工程费）×费率
4.3	生产职工培训及提前进场费	（建筑工程费＋安装工程费）×费率
5	大件运输措施费	暂未考虑，按照实际运输条件及运输方案计算确定
6	专业爆破服务费	暂未考虑，根据工程实际情况确定

（4）其他说明。典型造价采用《电力建设工程预算定额（2018 年版）》编制，在可行性研究阶段、初步设计阶段与估算、概算进行对比分析时，应充分考虑电力建设工程概预算定额、电网工程建设预算编制与计算相关规定以及工程量等方面的客观差异，合理进行对比分析与指标控制。

2.2.2 线路典型方案使用说明

1. 典型方案调整组合

选择相应的典型方案，按所占比例计算参考造价。架空线路典型造价为单一地形的单位长度造价，实际工程应用典型造价时，应按工程条件选择对应的典型方案造价，按地形比例加权计算相应的参考造价。具体计算公式如下：

$$C_I = \sum_{i=1}^{n} P_{Ii} \times \frac{L_i}{L}$$

式中　　C_I——实际工程参考造价；

　　　　P_{Ii}——第 i 个典型方案造价；

　　　　L_i——第 i 典型方案对应的实际工程的路径长度；

　　　　L——实际工程的总路径长度。

2. 典型造价应用

（1）对照典型方案技术条件分析造价。对于未采用通用设计铁塔或技术条件与典型造价方案差别较大的工程，可找出与设计条件（电压等级、回路数、导线截面、气象条件）相近的典型造价方案，对照典型造价方案的技术条件表、交叉跨越、主要材料单位长度指标以及本书第 1 章编制依据中规定的各项费用取费标准、材料价格等条件，从安装工程费用、材料价格、其他费用等多个方面进行综合分析比较。

a. 安装工程费用分析。对照典型造价的技术条件（气象条件、耐张杆塔比例、地质条件、基础配置、交叉跨越、材料运输距离等方面）分析实际工程量的合理性。

b. 材料价格分析。典型造价装置性材料以国家电网有限公司电力建设定额站发布的电网工程设备材料信息价（典型造价中采用的具体装置性材料价格见附录）为基准，实际工程使用的材料价格与典型造价不同时可以通过装置性材料单价的对比，分析材料价格对整体造价水平的影响。

c. 其他费用分析。对照编制依据中的取费标准，通过固定费率取费部分的差异和独立计算费用的差异进行对比分析，找出是因本体投资增加而使取费基数增大造成其他费用增加，还是因特殊费用项目的增加而导致其他费用增加。

（2）分析实际工程造价是否合理。与典型造价相应指标比较，从总体造价或者单位造价方面论述实际工程造价是否合理。

3. 方案造价使用说明

（1）典型方案使用说明。

a. 本典型方案体现的是新形势下宁夏电网建设施工技术与管理水平下单

项工程的综合造价水平，具体工程可根据实际环境地理条件、施工方法与施工工艺综合调整或换算。

b. 每个典型方案的地形条件都按单一地形设定，分平地、丘陵、山地三种地形，基本涵盖宁夏地区实际工程所能遇到的地形情况。典型方案与地形的对应关系具体见各典型方案的一般条件表。

c. 地质条件、基础型式及比例、杆塔基数及类型比例、交叉跨越次数、混凝土量、土石方量等是结合宁夏各地市公司差异，依据近年大量实际工程统计分析，按平均水平设定的，具体见各典型方案典型造价各节的一般条件表、交叉跨越表和主要材料单位路径长度指标表的相关内容。

d. 本典型方案中施工方式按机械化施工考虑，未计列人力运输，汽车运距依据实际工程平均水平综合测定。与典型方案对比时，可根据实际地理条件按运输路径长度综合调整或换算。

e. 本典型方案中交叉跨越高压电力线，35kV 及以上均按不带电跨越计列跨越措施费。

f. 本典型方案中机械化施工道路按宽 3.5m 的砂加石考虑计列，并计列拆除清理费用，具体工程可根据设计出具的机械化施工道路方案综合调整或换算。

g. 本典型方案中重要交叉跨越的视频监测装置均按普通设备考虑。

（2）未明确费用及其他费用使用说明。

a. 本典型方案中建设场地征用费单回路按照 8 万/km 计列，双回路按照 10 万/km 计列，综合考虑土地征用费、施工场地租用费、迁移补偿费、余物清理费、水土保持补偿费等费用，在与典型方案的对比中根据工程实际进行对比。单位造价指标详见表 2-8。

表 2-8　　　　　　　　建设场地征用及清理费费单位造价指标表

序号	假设条件或费用项目	单位	标准
1	建设场地征用及清理费	万元/km	单回路 8 万/km，双回路 10 万/km

b. 本典型方案中桩基检测费、环境监测及环境保护验收费、水土保持监测及验收费，均参照相关文件计列综合单价，具体工程如有合同价格或协议价格

可自行考虑调整或换算。

c. 本典型方案中工程监理费、设计文件评审费，均参照《电网工程建设预算编制与计算规定（2018 年版）》计列，具体工程如有合同价格或协议价格可自行考虑调整或换算。

d. 本典型方案中勘察费参照相关文件及历年结算工程综合测算单价计列，具体工程可按国家电网有限公司输变电工程勘察设计费计列标准自行调整或换算。

e. 未考虑灌注桩泥浆外运清理费、飞行器租赁费、使用草地可行性研究费用、地基处理费、科研试验费等，根据工程实际计列的特殊费用，在与典型方案对比时，应根据工程实际情况合理调整后进行对比分析。

f. 典型方案中项目前期工作费的 3.1.1～3.1.13 项费用均按照《关于落实〈国家发改委关于进一步放开建设项目专业服务价格的通知〉（发改价格〔2015〕299 号）的指导意见》（中电联定额〔2015〕162 号）计列要求，依据宁夏地区工程建设实际情况对费用项目及费用水平进行明确，参见表 2–9。因项目前期管理需要，需开展土地复垦报告编制工作，该费用归集至项目前期工作费，费用标准依据宁夏地区工程建设实际情况按平均水平计列。

表 2–9　　　　典型造价架空线路工程前期工作费造价指标表

序号	项目前期工作费用名称	费用标准
1	可行性研究费用	20km 以内按 14 万元计；20km 以上，增加 0.5 万元/km；多回路、高海拔等可调整
2	环境影响评价费用	20km 以内按 5.6 万元计；20km 以上，增加 0.25 万元/km；穿越环境敏感区、平行走廊等可调整
3	建设项目规划选址费	20km 以内按 7 万元计；20km 以上，增加 0.1 万元/km；平行走廊等可调整
4	水土保持方案编审费用	20km 以内按 4.2 万元计；20km 以上，增加 0.2 万元/km；平行走廊等可调整
5	地质灾害危险性评估费用	20km 以内按 2.1 万元计；20km 以上，增加 0.15 万元/km；平行走廊等可调整
6	地震安全性评价费用	说明：线路工程原则上不计此费用
7	文物调查费用	20km 以内按 5.6 万元计；20km 以上，增加 0.05～0.15 万元/km；平行走廊等可调整

续表

序号	工程或费用名称	费用标准
8	矿产压覆评估费用	20km 以内按 5.6 万元计；20km 以上，增加 0.1～0.3 万元/km；平行走廊等可调整
9	用地预审费用	20km 以内按 8.4 万元计；20km 以上，增加 0.1～0.3 万元/km；平行走廊等可调整
10	节能评估费用	20km 以内按 3.5 万元计；20km 以上，增加 0.01～0.05 万元/km；平行走廊等可调整
11	社会稳定风险评估费用	20km 以内按 7 万元计；20km 以上，增加 0.01～0.05 万元/km；平行走廊等可调整
12	使用林地可行性研究费用	20km 以内按 3.5 万元计；20km 以上，增加 0.1 万元/km
13	前期工作管理费用	暂未考虑，根据工程实际情况审核确定
14	土地复垦报告编制费用	按 10 万元计列

g. 其他费用计费原则详见表 2-10。

表 2-10　　　　　　　　典型造价架空线路工程其他费用表

序号	工程或费用名称	编制依据及计算说明
1	建设场地征用及清理费	单回路 8 万/km，双回路 10 万/km
2	项目建设管理费	
2.1	项目法人管理费	本体工程费×费率
2.2	招标费	本体工程费×费率
2.3	工程监理费	
2.4	设备材料监造费	不计列
2.5	施工过程造价咨询及竣工结算审核费	本体工程费×费率
2.6	工程保险费	
2.6.1	安装工程一切险	本体工程费×费率（0.07%）
2.6.2	建设工程合同款支付保险	本体工程费×10%×费率（0.45%）
3	项目建设技术服务费	
3.1	项目前期工作费	
3.1.1	可行性研究费用	依据表 2-8 计列
3.1.2	环境影响评价费用	依据表 4-8 计列
3.1.3	建设项目规划选址费	依据表 4-8 计列

序号	工程或费用名称	编制依据及计算说明
3.1.4	水土保持方案编审费用	依据表4-8计列
3.1.5	地质灾害危险性评估费用	依据表4-8计列
3.1.6	地震安全性评价费用	依据表4-8计列
3.1.7	文物调查费用	依据表4-8计列
3.1.8	矿产压覆评估费用	依据表4-8计列
3.1.9	用地预审费用	依据表4-8计列
3.1.10	节能评估费用	依据表4-8计列
3.1.11	社会稳定风险评估费用	依据表2-8计列
3.1.12	使用林地可行性研究费用	依据表2-8计列
3.1.13	前期工作管理费用	依据表2-6计列
3.1.14	土地复垦报告编制费用	依据表2-3计列
3.2	知识产权转让与研究试验费	暂未考虑，根据工程实际情况确定
3.3	勘察设计费	
3.3.1	勘察费	线路亘长×1.5万元/km
3.3.2	设计费	中电联定额〔2015〕162号
3.3.3	三维设计费	办基建〔2018〕73号
3.4	设计文件评审费	
3.4.1	可行性研究设计文件评审费	
3.4.2	初步设计文件审查费	
3.4.3	施工图文件审查费	
3.5	项目后评价费	不计列
3.6	工程建设检测费	
3.6.1	电力工程质量检测费	本体工程费×费率
3.6.2	特种设备安全监测费	暂未考虑，根据工程实际情况审核确定
3.6.3	环境监测及环境保护验收费	
3.6.4	水土保持监测及验收费	
3.6.5	桩基检测费	
3.7	电力工程技术经济标准编制管理费	本体工程费×费率
4	生产准备费	

续表

序号	工程或费用名称	编制依据及计算说明
4.1	管理车辆购置费	不计列
4.2	工器具及生活家具购置费	本体工程费×费率
4.3	生产职工培训及提前进厂费	本体工程费×费率
5	大件运输措施费	暂未考虑，按照实际运输条件及运输方案计算确定
6	专业爆破服务费	暂未考虑，根据工程实际情况确定

（3）其他说明。

a. 典型造价地质、耐张比、基础型式等技术指标均通过宁夏历年结算工程综合统计分析确定，实例工程可依据工程实际情况分析与典造方案的技术差异引起的造价差异。

b. 典型造价采用《电力建设工程预算定额（2018 年版）》编制，在可行性研究阶段、初步设计阶段与估算、概算进行对比分析时，应充分考虑电力建设工程概预算定额、电网工程建设预算编制与计算相关规定以及工程量等方面的客观差异，合理进行对比分析与指标控制。

3 35～110kV 变电站工程典型造价方案、子模块划分说明及指标

3.1 35～110kV 变电站工程典型造价方案及子模块划分说明

3.1.1 典型方案划分

35～110kV 变电站工程典型方案主要技术条件详见表 3-1。

表 3-1　　35～110kV 变电站工程典型方案主要技术条件汇总表

方案编号	建设规模	接线型式	总布置及配电装置	围墙内占地面积（hm²）/总建筑面积（m²）
NX-110-B-1（35&10）	主变压器：2×50MVA 出线：110kV 2 回，35kV 6 回，10kV 16 回 每台主变压器10kV侧无功并联电容器2组	110kV：单母线分段 35kV：单母线分段 10kV：单母线分段	110kV 与主变压器场地户外平行布置； 110kV：户外 HGIS，架空出线； 35kV：户内充气式开关柜，电缆出线； 10kV：户内开关柜，电缆出线	0.4521/640
NX-110-B-1（10）	主变压器：2×50MVA 出线：110kV 2 回，10kV 24 回 每台主变压器10kV侧无功并联电容器2组	110kV：单母线分段 10kV：单母线分段	110kV 与主变压器场地户外平行布置； 110kV：户外 HGIS，架空出线； 10kV：户内开关柜，电缆出线	0.4521/640
NX-110-A2-6	主变压器：2×50MVA 出线：110kV 2 回，10kV 24 回 每台主变压器10kV侧无功并联电容器2组	110kV：单母线分段 10kV：单母线分段	全户内一幢楼布置； 110kV：户内 GIS，电缆出线； 10kV：户内移开式开关柜双列布置，电缆出线	0.3560/1150

续表

方案编号	建设规模	接线型式	总布置及配电装置	围墙内占地面积（hm²）/总建筑面积（m²）
NX-110-A3-2	主变压器：2×50MVA 出线：110kV 2 回，35kV 8 回，10kV 16 回 每台主变压器10kV侧无功：并联电容器 2 组	110kV：单母线分段 35kV：单母线分段 10kV：单母线分段	半户内一幢楼布置，主变压器户外布置； 110kV：户内 GIS，电缆出线； 35kV、10kV：户内开关柜双列布置，电缆出线，35kV 采用充气式开关柜，10kV 采用移开式开关柜	0.4371/1242
NX-35-E1-2	主变压器：2×10MVA 出线：35kV 2 回，10kV 8 回 每台主变压器10kV侧无功：并联电容器 2 组	35kV：单母线 10kV：单母线分段	主变压器户外布置； 35kV：充气式开关柜，设 2 个预制舱式一、二次组合设备	0.1325/50

3.1.2　子模块划分

　　35～110kV 变电站典型造价贯彻模块化设计思路，以技术方案的合理划分为基础，明确模块划分的边界条件。按照影响造价的主要因素，合理划分模块种类，最大限度满足变电站设计方案的需要，增强典型造价的适应性和灵活性。

　　模块边界的确定原则与通用设计基本一致并补充相应控制、保护、通信、远动等设备。35～110kV 变电站总图设计、水工及消防和采暖通风专业不划分子模块，统一在典型方案中考虑。具体子模块详见表 3-2。

表 3-2　　　　　　　35～110kV 变电站工程子模块汇总表

序号	基本方案			子模块		
	类型	通用设计方案编号	典型造价方案编号	模块编号	模块内容	适用范围
1	户外HGIS	NX-110-B-1	NX-110-B-1（35&10）	NX-110-B-1（35&10）-ZB	增减一台主变压器（50MVA，三绕组）	适用于NX-110-B-1（35&10）方案
2				NX-110-B-1-110	增减一回110kV 架空出线	适用于NX-110-B-1方案
3				NX-110-B-1-35	增减一回 35kV 电缆出线	110kV、35kV 方案通用

序号	基本方案			子模块		
	类型	通用设计方案编号	典型造价方案编号	模块编号	模块内容	适用范围
4	户外HGIS	NX-110-B-1	NX-110-B-1（35&10）	NX-110-B-1-10	增减一回 10kV 电缆出线	110kV、35kV 方案通用
5				NX-110-B-1-10C	增减一组 10kV 电容器（3600kvar）	适用于 NX-110-B-1（35&10）、NX-110-B-1（10）方案
6			NX-110-B-1（10）	NX-110-B-1（10）-ZB	增减一台主变压器（50MVA，双绕组）	适用于 NX-110-B-1（10）方案
7	户内GIS	NX-110-A2-6	NX-110-A2-6	NX-110-A2-6-ZB	增减一台主变压器（50MVA，双绕组）	适用于 NX-110-A2-6 方案
8				NX-110-A2-6-110	增减一回 110kV 电缆出线	适用于 NX-110-A2-6、NX-110-A3-2 方案
9				NX-110-A2-6-10C	增减一组 10kV 电容器（4800kvar）	适用于 NX-110-A2-6、NX-110-A3-2 方案
10	半户内GIS	NX-110-A3-2	NX-110-A3-2	NX-110-A3-2-ZB	增减一台主变压器（50MVA，三绕组）	适用于 NX-110-A3-2 方案
11	户外	NX-35-E1-2	NX-35-E1-2	NX-35-E1-2-ZB	增减 1 台主变压器（10MVA）	适用于 NX-35-E1-2 方案
12				NX-35-E1-2-10C	增减 1 组 10kV 电容器（1000kvar）	适用于 NX-35-E1-2 方案

3.2 35～110kV 变电站典型造价指标

根据变电工程典型造价编制依据，分别对每个典型方案、子模块编制完整的施工图预算，并计算单位容量造价。各典型方案造价指标详见表 3-3 和表 3-4。

表 3-3   **典型方案造价指标一览表**   金额单位：万元

方案编号	建设规模	建筑工程费	设备购置费	安装工程费	其他费用	静态投资	单位投资（元/kVA）
NX-110-B-1（35&10）	户外 HGIS 变电站 2×50MVA 三绕组变压器 110kV：HGIS 配电装置 2 回 35kV：充气式开关柜 6 回 10kV：开关柜 16 回	893	2499	582	690	4664	466.4
NX-110-B-1（10）	户外 HGIS 变电站 2×50MVA 双绕组变压器 110kV：HGIS 配电装置 2 回 10kV：开关柜 24 回	888	2154	530	659	4231	423.1
NX-110-A2-6	户内 GIS 变压器 2×50MVA 双绕组变压器 110kV：GIS 配电装置 2 回 10kV：开关柜 24 回	1531	2027	600	774	4932	493.2
NX-110-A3-2	半户内 GIS 变电站 2×50MVA 三绕组变压器 110kV：GIS 配电装置 2 回 35kV：充气式开关柜 8 回 10kV：开关柜 16 回	1413	2490	628	788	5319	531.9
NX-35-E1-2	户外变电站 2×10MVA 双绕组变压器 预制舱式一、二次组合设备 35kV：充气式开关柜 2 回 10kV：充气式开关柜 8 回	287	1131	270	315	2003	1001.5

表 3-4   **子模块造价指标一览表**   金额单位：万元

序号	类型	典型方案编号	项目名称	建筑工程费	设备购置费	安装工程费	其他费用	静态投资
1	户外HGIS站	NX-110-B-1（35&10）-ZB	增减一台主变压器（50MVA，三绕组）	61	504	66	60	691
2		NX-110-B-1-110	增减一回 110kV 架空出线	30	83	21	20	154
3		NX-110-B-1-35	增减一回35kV电缆出线		34	6	4	44
4		NX-110-B-1-10	增减一回10kV电缆出线		9	3	2	14
5		NX-110-B-1-10C	增减一组 10kV 电容器（3600kvar）	3	25	17	7	52
6		NX-110-B-1（10）-ZB	增减一台主变压器（50MVA，双绕组）	60	385	50	50	545
7	户内GIS站	NX-110-A2-6-ZB	增减一台主变压器（50MVA，双绕组）		386	107	48	541

序号	类型	典型方案编号	项目名称	建筑工程费	设备购置费	安装工程费	其他费用	静态投资
8	户内GIS站	NX－110－A2－6－110	增减一回 110kV 电缆出线		85	47	18	150
9		NX－110－A2－6－10C	增减一组10kV电容器（4800kvar）		27	14	5	46
10	半户内GIS站	NX－110－A3－2－ZB	增减一台主变压器（50MVA，三绕组）	35	507	69	56	667
11	户外	NX－35－E1－2－ZB	增减一台主变压器（10MVA）	9	147	36	20	212
12		NX－35－E1－2－10C	增减一组10kV电容器（1000kvar）	4	33	12	7	56

4 35～110kV 变电站工程典型方案及子模块典型造价

4.1 典型方案 NX–110–B–1 典型造价

4.1.1 典型方案

通用设计基本方案 NX–110–B–1 主变压器规模为 2 台 50MVA 变压器，110kV 采用户外 HGIS 设备，35kV 采用户内充气式开关柜，10kV 采用户内移开式开关柜，主变压器户外布置。

4.1.1.1 典型方案主要技术条件

典型方案主要技术条件，对 110kV 变电站 NX–110–B–1 方案整体设计的主要技术条件进行了详细说明，内容包括变电站电气设备安装工程、建筑工程，具体内容详见表 4–1、表 4–2。

表 4–1 NX–110–B–1（35&10）技术条件表

序号	项目名称	工程主要技术条件
1	主变压器	2×50MVA 三相三绕组变压器
2	出线规模	110kV 本期 2 回，远期 4 回，架空出线 35kV 本期 6 回，远期 6 回，电缆出线 10kV 本期 16 回，远期 24 回，电缆出线
3	电气主接线	110kV 采用单母线分段接线 35kV 采用单母线分段接线 10kV 采用单母线分段接线
4	无功补偿	每台变压器配置 10kV 电容器 2 组，容量 3.6Mvar

序号	项目名称	工程主要技术条件
5	短路电流	110kV 短路电流：40kA 35kV 短路电流：31.5kA 10kV 短路电流：31.5kA
6	主要设备选型	主变压器：户外、一体式三相、油浸自冷式、有载调压、三绕组 110kV：采用户外 HGIS 35kV：采用户内气体绝缘封闭式开关柜，真空式断路器 10kV：采用户内配电装置成套开关柜，真空式断路器 10kV 电容器：采用框架式电容器补偿装置
7	电气总平面 及配电装置	主变压器：户外布置 110kV：采用 HGIS 落地式布置，配电装置按 40kA 短路电流水平设计 35kV：采用户内气体绝缘封闭式开关柜双列布置 10kV：采用户内开关柜双列布置
8	监控系统	按无人值守设计，采用计算机监控系统，监控和远动统一考虑
9	模块化二次设备	二次设备模块化布置，全站设 1 个二次设备室（预制舱），含站控层设备模块、公用设备模块、通信设备模块、直流电源系统模块、主变压器间隔层设备模块。采用预制式智能控制柜，110kV 过程层设备按间隔配置，分散布置于就地预制式智能控制柜内
10	建筑部分	围墙内占地面积 0.4521hm²，总建筑面积 640m²，设配电装置室，生产辅助用房采用单层钢框架结构，预制舱基础，室内外设置消火栓并配置移动式化学灭火装置
11	站址基本条件	海拔 1000～2000m，设计基本地震加速度按 0.20g 考虑，重现期 50 年的设计基本风速 v_0＝30m/s，天然地基，地基承载力特征值 f_{ak}＝150kPa，无地下水影响，假设场地为同一标高

表 4-2 　　　　　NX-110-B-1（10）技术条件表

序号	项目名称	工程主要技术条件
1	主变压器	2×50MVA 三相双绕组变压器
2	出线规模	110kV 本期 2 回，远期 4 回，架空出线 10kV 本期 24 回，远期 36 回，电缆出线
3	电气主接线	110kV 采用单母线分段接线 10kV 采用单母线分段接线
4	无功补偿	每台变压器配置 10kV 电容器 2 组，容量为 3.6Mvar
5	短路电流	110kV 短路电流：40kA 10kV 短路电流：31.5kA
6	主要设备选型	主变压器：户外、一体式三相、油浸自冷式、有载调压、双绕组 110kV：采用户外 HGIS 10kV：采用户内配电装置成套开关柜，真空式断路器 10kV 电容器：采用框架式电容器补偿装置

序号	项目名称	工程主要技术条件
7	电气总平面及配电装置	主变压器：户外布置 110kV HGIS：采用 HGIS 落地式布置，配电装置按 40kA 短路电流水平设计 10kV：采用户内开关柜双列布置
8	监控系统	按无人值守设计，采用计算机监控系统，监控和远动统一考虑
9	模块化二次设备	二次设备模块化布置，全站设 1 个二次设备室（预制舱），含站控层设备模块、公用设备模块、通信设备模块、直流电源系统模块、主变压器间隔层设备模块。采用预制式智能控制柜，110kV 过程层设备按间隔配置，分散布置于就地预制式智能控制柜内
10	建筑部分	围墙内占地面积 0.4521hm²，总建筑面积 640m²，设配电装置室，生产辅助用房采用单层钢框架结构，预制舱基础，室内外设置消火栓并配置移动式化学灭火装置
11	站址基本条件	海拔高度 1000～2000m，设计基本地震加速度按 0.20g 考虑，重现期 50 年的设计基本风速 $v_0 = 30$m/s，天然地基，地基承载力特征值 $f_{ak} = 150$kPa，无地下水影响，假设场地为同一标高

4.1.1.2 典型方案 NX-110-B-1（35&10）主要电气设备材料表

电气设备材料表划分为电气一次、电气二次两部分。

电气一次部分包括主变压器系统、各电压等级配电装置、无功补偿装置、站用电系统、电缆及附件、接地各部分。其中，主变压器系统主要包括与主变压器相连到构架前的部分设备；站用电系统中，将动力配电箱、检修箱、照明配电箱、户外照明灯具、照明电缆归入本项内；电缆及附件部分包括二次控制电缆及 1kV 电力电缆、站用电高压电力电缆、电缆支架、防火材料等；接地部分包括主接地网、接地引下线、垂直接地极等。

电气二次部分包括计算机监控系统、系统保护及安全自动装置、系统调度自动化、过程层设备、一体化电源设备、智能辅助控制系统、时间同步系统各部分。

典型方案 NX-110-B-1（35&10）主要电气设备材料详见表 4-3。

表4-3　典型方案 NX-110-B-1（35&10）主要电气设备材料表

序号	设备名称	型号规格	单位	数量	备注
一	一次设备部分				
1	主变压器部分				
1.1	110kV 三相三绕组有载调压变压器	三相三绕组油浸自冷式有载调压 SSZ11-50000/110 电压比：$110\pm8\times1.25\%/38.5\pm2\times2.5\%/10.5$kV 接线组别：YNyn0d11 冷却方式：ONAN $U_{k1-2}(\%)=10.5\%$ $U_{k1-3}(\%)=17.5\%$ $U_{k2-3}(\%)=6.5\%$ 中性点：LRB-60200/5A5P/5P 配有载调压分接开关 110kV 套管外绝缘爬电距离不小于3906mm 中性点套管外绝缘爬电距离不小于1812mm 35kV 套管外绝缘爬电距离不小于1256mm 10kV 套管外绝缘爬电距离不小于372mm	台	2	
1.2	中性点成套装置	成套采购，每套含： 中性点单极隔离开关 GW13-72.5/630（W） 单极隔离开关，GW13-72.5，630A，31.5kA，附电动机构，爬电距离不小于2248mm，1极，带钢支架 氧化锌避雷器，Y1.5W-72/186W，附运行监测仪，爬电距离不小于2248mm，1只 中性点电流互感器：200/5A，10P30，爬电距离不小于372mm，半球形放电间隙，1套	套	2	
1.3	35kV 氧化锌式避雷器	YH5WZ-51/134（附在线监测仪）	组	2	
1.4	10kV 氧化锌式避雷器	YH5WZ-17/45	组	2	
2	110kV 配电装置部分				
2.1	组合电器	复合组合电气 HGIS 断路器：126kV，3150A，40kA，1台 隔离开关：126kV，3150A，40kA/4S，2组 电流互感器：2×600/5A，5P30，3只 电流互感器：2×600/5A，0.2S，3只 电流互感器：2×600/5A，0.2S，3只 接地开关：126kV，40kA/3S，2组 出线套管：126kV，3150A，40kA/3S，2套 智能终端箱：落地式，1面	套	2	架空出线间隔

续表

序号	设备名称	型号规格	单位	数量	备注
2.2	组合电器	复合组合电气 HGIS 断路器：126kV，1250A，31.5kA，1 台 隔离开关：126kV，3150A，40kA/4S，2 组 电流互感器：2×300/5A，5P30，4 只 电流互感器：2×300/5A，0.2S，4 只 电流互感器：2×300/5A，0.2S，4 只 接地开关：126kV，40kA/3S 出线套管：126kV，3150A，40kA/3S，3 套 智能终端箱：落地式，1 面	套	2	主变压器 进线间隔
2.3	组合电器	复合组合电气 HGIS 断路器：126kV，3150A，40kA，1 台 隔离开关：126kV，3150A，40kA/4S，2 组 电流互感器：2×300/5A，5P30，2 只 电流互感器：2×300/5A，0.2S，2 只 电流互感器：2×300/5A，0.2S，2 只 接地开关：126kV，40kA/3S 出线套管：126kV，3150A，40kA/3S，3 套 带电显示装置：1 套 智能终端箱：落地式，1 面	套	1	分段间隔
2.4	组合电器	复合组合电气 HGIS 隔离开关：126kV，3150A，40kA/3S，1 组 接地开关：126kV，40kA/3S，2 组 电压互感器：（$110/\sqrt{3}$）/（$0.1/\sqrt{3}$）/（$0.1/\sqrt{3}$）/0.1kV，3 台 智能终端箱：落地式，1 面	套	2	母线设备间隔
2.5	电压互感器	（$110/\sqrt{3}$）/（$0.1/\sqrt{3}$）/（$0.1/\sqrt{3}$）/（$0.1\sqrt{3}$）/0.1kV	只	8	
2.6	110kV 氧化锌避雷器	YH10WZ－102/266 标称放电电流：10kA，额定电压 102kV 标称雷电冲击电流下的最大残压 266kV 附放电计数器及泄漏电流监测器 外绝缘爬电比距不小于 3906mm	只	3	
2.7	组合电器母线	三相共箱式，126kV，2000kA，40kA/3S	m	16	
3	35kV 配电装置部分				
3.1	35kV 开关柜	断路器柜 气体绝缘式高压开关柜：40.5kV，2500A，31.5kA/4S 三工位隔离开关、真空断路器：40.5kV，2500A，31.5kA，4 组微动开关 电流互感器：1200/5A，5P/5P/0.2S/0.2S 接地开关：JN－40.5，2 组微动开关 带电显示装置：DXN－40.5	面	2	主变压器进线柜

续表

序号	设备名称	型号规格	单位	数量	备注
3.2	35kV 开关柜	断路器柜 气体绝缘式高压开关柜：40.5kV，1250A，31.5kA/4S 三工位隔离开关、真空断路器：40.5kV，1250A，25kA/4S 电流互感器：300－600/5A，5P30/0.5/0.2S 接地开关：JN－40.5，2 组微动开关 避雷器：YH5WZ－51/134 带电显示装置：DXN－40.5	面	6	电缆出线柜
3.3	35kV 开关柜	联络柜 气体绝缘式高压开关柜 三工位隔离开关：40.5kV，1250A，31.5kA，4 组微动开关 带电显示装置：DXN－40.5	台	1	联络柜
3.4	35kV 开关柜	分段隔离柜 气体绝缘式高压开关柜 三工位隔离开关、真空断路器：40.5kV，1250A，31.5kA，4 组微动开关 电流互感器：1200/5A，5P30/0.5	台	1	分段隔离柜
3.5	35kV 开关柜	母线设备柜 气体绝缘式高压开关柜 三工位隔离开关：40.5kV，2500A，31.5kA，4 组微动开关 全绝缘电压互感器：（35/$\sqrt{3}$）/（0.1/$\sqrt{3}$）/（0.1/$\sqrt{3}$）/（0.1/$\sqrt{3}$）kV 电流互感器：300－600/5A，5P30/0.5/0.2S 接地开关：JN－40.5，2 组微动开关 避雷器：YH5WZ－51/134 带电显示装置：DXN－40.5	台	2	母线设备柜
3.6	35kV 固体绝缘母线	铜母线，2500A，31.5kA	m	120	
4	10kV 配电装置部分				
4.1	10kV 开关柜	断路器柜 金属铠装移开式高压开关柜：12kV，4000A，40kA 真空断路器：12kV，4000A，40kA 电流互感器：4000/5A，5P30/5P30/0.2S/0.2S 带电显示装置：DXN－12	台	2	主变压器进线柜
4.2	10kV 开关柜	断路器柜 金属铠装移开式高压开关柜：12kV，1250A，31.5kA 真空断路器：12kV，4000A，40kA 电流互感器：4000/5A，5P30/0.5 带电显示装置：DXN－12	台	1	分段柜

续表

序号	设备名称	型号规格	单位	数量	备注
4.3	10kV 开关柜	金属铠装移开式高压开关柜：12kV，4000A，31.5kA 手车：12kV，4000A，31.5kV 带电显示装置：DXN－12	台	2	联络柜
4.4	10kV 开关柜	断路器柜 金属铠装移开式高压开关柜：12kV，1250A，31.5kA 真空断路器：12kV，1250A，31.5kA 电流互感器：2×300/5A，5P30/0.5/0.2S 带电显示装置：DXN－12 接地开关：JN－12 零序电流互感器：LXK－ψ120－150/5A	台	16	电缆出线柜
4.5	10kV 开关柜	母线设备柜 手车：12kV，1250A，31.5kA 全绝缘电压互感器：（10/$\sqrt{3}$）/（0.1/$\sqrt{3}$）/（0.1/$\sqrt{3}$）/（0.1/$\sqrt{3}$）kV 避雷器：YH5WZ－17/45 消谐器：RXQ－10 高压熔断器：XRNP1－10/0.5 带电显示装置：DXN－12	台	2	母线设备柜
4.6	10kV 开关柜	断路器柜 金属铠装移开式高压开关柜：12kV，1250A，31.5kA 电流互感器：300/5A，5P30/0.5/0.2S 带电显示装置：DXN－12	台	4	电容器柜
4.7	10kV 开关柜	断路器柜 金属铠装移开式高压开关柜：12kV，1250A，31.5kA 真空断路器：12kV，1250A，31.5kA 电流互感器：2×300/5A，5P30/0.5/0.2S 带电显示装置：DXN－12 接地开关：JN－12	台	2	接地变压器出线柜
4.8	10kV 封闭母线桥	TMY－2×（125×10）	m	14	
4.9	10kV 电容器成套装置	TBB10－3600/200－AKW 框架式并联电容器：单台容量200kvar FDGE－12/$\sqrt{3}$－4－1W，3 台 放电线圈支架，1 套 CKDK－10－144/0.32－12，3 台 GW4－40.5D/1250A－4，四极（右接地），1 组 HY5WR－17/46，3 只 放电线圈端子箱（悬挂式）JXW－3，1 面 防护围栏网孔大小 20mm×20mm，1 套	套	4	
4.10	接地变压器消弧线圈成套装置	户外高压并联电容器成套装置组合柜 接地变压器：700/10.5－100/0.4 消弧线圈：600/10.5	套	2	户外箱式

续表

序号	设备名称	型号规格	单位	数量	备注
5	导体及导线材料				
5.1	钢芯铝绞线	LGJ－300/25	m	240	
5.2	钢芯铝绞线	LGJ－120/25	m	15	
5.3	矩形铝母线	LMY－100×10	m	48	
5.4	矩形铜母线	2×（TMY－125×10）	m	96	
5.5	矩形铝母线	LMY－40×4	m	6	
5.6	矩形铜母线	TMY－30×4	m	7	
5.7	钢芯铝绞线	LGJ－400/35	m	55	
5.8	矩形铜母线	TMY－40×4	m	7	
5.9	支柱绝缘子	ZSW－40.5/10	只	16	
5.10	支柱绝缘子	ZS－24/16	只	24	
5.11	耐张绝缘子串		只	132	
5.12	悬垂绝缘子串		只	80	
5.13	穿墙套管	CWW－20/4000	只	6	
6	防雷、接地、照明材料				
6.1	钢管（镀锌）	ϕ50，L=2500mm	根	100	
6.2	扁钢（镀锌）	—60×8	m	3000	
6.3	扁钢（镀锌）	—30×4	m	200	
6.4	接线端子盒		套	10	
6.5	铜导线	BV－100（带接线鼻子）	m	200	
6.6	铜导线	BV－6（带接线鼻子）	m	150	
6.7	铜排	TMY－25×4	m	300	
6.8	热塑套	与铜排配套	m	300	
6.9	钢管	ϕ100，L=2000mm	根	9	
6.10	导电防腐涂料		kg	200	
6.11	铜辫子	100mm², L=500mm	套	10	
6.12	铜辫子	100mm², L=1500mm	套	4	
7	防火材料及电缆支架				

序号	设备名称	型号规格	单位	数量	备注
7.1	防火发泡砖	240mm×120mm×60mm	块	2000	
7.2	防火发泡砖	240mm×120mm×30mm	块	4800	
7.3	防火发泡砖	240mm×120mm×15mm	块	1800	
7.4	有机防火堵料	FZD-Ⅱ（1850kg/m³）	kg	750	
7.5	酸性氨基防火涂料	AQ60-Q（2kg/m²）	kg	1150	
7.6	角铝	L50×5	m	100	
7.7	耐火隔板		m²	60	
7.8	镀锌钢管	$\phi 40$	m	1200	
7.9	PVC	$\phi 25$	m	600	
7.10	镀锌角钢	L40×4	t	2.5	
7.11	镀锌角钢	L50×5	t	2.5	
7.12	不锈钢槽盒		m	260	
二	二次设备部分				
1	一次设备在线监测		套	1	
1.1	铁芯夹件接地电流监测传感器及在线监测 IED		套	2	
1.2	中性点成套设备避雷器泄漏电流监测数字化远传表计及在线监测 IED		套	2	
1.3	主变压器数字化油温计、油位计及在线监测 IED		套	2	
1.4	独立避雷器泄漏电流监测数字化远传表计及在线监测 IED		套	8	
1.5	SF₆ 气体密度远传表计及在线监测 IED		套	1	表计由 HGIS 设备厂家提供，按气室配置
1.6	35kV 绝缘气体密度远传表计及在线监测 IED		套	1	表计由充气柜设备厂家提供，按间隔配置
1.7	10kV 触头测温装置及在线监测 IED		套	1	装置由开关柜设备厂家提供，按主变压器进线开关柜及分段柜配置

序号	设备名称	型号规格	单位	数量	备注
2	交直流电源系统				
2.1	一体化电源系统		套	1	
	交流进线柜	智能交流进线柜 1 面，含电源自动切换装置	面	1	
	交流馈线柜		面	3	
2.2	第一组并联直流电源柜	配置 2A 模块 10 个	面	2	
	第一组并联直流馈线屏		面	2	
	第二组并联直流电源柜	配置 2A 模块 29 个	面	4	
	第二组并联直流馈线屏		面	2	
	第三组并联直流电源屏	配置 2A 模块 12 个	面	2	
	第二组通信电源馈线柜		面	1	
	事故照明电源馈线柜		面	1	
	UPS 电源馈线柜		面	1	
2.3	电力电缆	ZR－YJV22－1－3×120＋1×70	m	400	
		ZR－YJV22－1－1×95	m	150	
3	电缆、光缆及网络线				
3.1	电力电缆	ZR－YJV22－1－2×4	km	1	
		ZR－YJV22－1－2×10	km	1.2	
		ZR－YJV22－1－3×10＋1×6	km	1.2	
		ZR－YJV22－1－3×16＋1×10	km	1	
		ZR－YJV22－1－3×95＋1×50	km	0.6	
3.2	控制电缆	ZR－KYJVP2－22－450/750－4×1.5	km	2	
		ZR－KYJVP2－22－450/750－7×1.5	km	4.9	
		ZR－KYJVP2－22－450/750－14×1.5	km	2.5	
		ZR－KYJVP2－22－450/750－4×4	km	7	
		ZR－KYJVP2－22－450/750－8×4	km	0.8	

序号	设备名称	型号规格	单位	数量	备注
3.3	多模预制光缆12芯	每根50m，含连接器，免熔接光配模块	km	2.5	
3.4	尾缆		km	4	
3.5	光纤跳线		km	1.8	
3.6	屏蔽双绞线		km	2	
3.7	超五类屏蔽以太网线		km	3.3	
11	系统保护及安全自动装置				
4.1	110kV 线路保护测控柜	110kV 线路光差保护测控装置2套	套	2	2260mm×600mm×600mm
4.2	110kV 分段保护测控及备自投柜	110kV 分段保护测控装置1套，110kV 备自投装置1套，过程层中心交换机4套	套	1	2260mm×600mm×600mm
4.3	110kV 母线保护柜	含110kV 母线保护装置1套	面	1	2260mm×600mm×600mm
4.4	低频低压减载柜	含低频低压减载装置1套	面	1	2260mm×600mm×600mm
4.5	故障录波柜	含故障录波装置1套	面	1	2260mm×600mm×600mm
4.6	网络分析系统柜	含网络分析仪1套	面	1	2260mm×600mm×600mm
5	综合自动化设备				
5.1	站控层设备				
（1）	监控主机柜	含监控主机2套，液晶彩显1台，系统软件及应用软件1套，键盘、鼠标1套，音响1套，网络打印机1台	面	1	2260mm×600mm×900mm
（2）	智能防误主机柜	具备面向全站设备的操作闭锁功能，为一键顺控操作提供模拟预演、防误校核功能	面	1	2260mm×600mm×900mm
（3）	综合应用服务器柜	含综合应用服务器1套，液晶彩显1台，键盘、鼠标1套	面	1	2260mm×600mm×900mm
（4）	Ⅰ区数据通信网关机柜	Ⅰ区数据通信网关机，Ⅱ区数据通信网关机，防火墙	面	1	2260mm×600mm×600mm
（5）	公用测控柜及站控层交换机柜	公用测控装置，Ⅰ区站控层交换机，Ⅱ区站控层交换机	面	1	2260mm×600mm×600mm
（6）	时间同步系统主机柜	含主时钟装置2套、支持北斗对时及GPS对时	面	1	2260mm×600mm×600mm
（7）	扩展同步时钟对时柜	扩展同步时钟装置，110kV 间隔层交换机	面	1	2260mm×600mm×600mm

序号	设备名称	型号规格	单位	数量	备注
5.2	间隔层设备				
（1）	公用及 110kV 母线测控柜	含公用测控装置 2 套，110kV 母线测控装置	面	1	2260mm×600mm×600mm
（2）	主变压器保护柜	含变压器主后一体保护装置 2 套	面	3	2260mm×600mm×600mm
（3）	主变压器测控柜	含主变压器高、中、低、本体测控各 1 台	面	3	2260mm×600mm×600mm
（4）	35kV 公用测控柜	含 35kV 公用测控装置 2 套	面	1	2260mm×600mm×600mm
（5）	10kV 公用测控柜	含 10kV 公用测控装置 2 套	面	1	2260mm×600mm×600mm
（6）	35kV 母线测控装置		套	2	2260mm×600mm×600mm
（7）	35kV TV 重动并列装置		套	1	2260mm×600mm×600mm
（8）	35kV 线路保护测控装置		套	6	2260mm×600mm×600mm
（9）	35kV 分段保护测控及备自投装置		套	1	2260mm×600mm×600mm
（10）	35kV 间隔层交换机	22 电口，2 光口	台	2	2260mm×600mm×600mm
（11）	10kV 母线测控装置		套	3	2260mm×600mm×600mm
（12）	10kV TV 重动并列装置		套	2	2260mm×600mm×600mm
（13）	10kV 线路保护测控装置		套	24	2260mm×600mm×600mm
（14）	10kV 分段保护测控及备自投装置		套	2	2260mm×600mm×600mm
（15）	10kV 接地变压器保护测控装置		套	3	2260mm×600mm×600mm
（16）	10kV 电容器保护测控装置		套	6	2260mm×600mm×600mm
（17）	10kV 间隔层交换机	22 电口，2 光口	台	6	2260mm×600mm×600mm
（18）	集中接线柜		面	1	2260mm×800mm×600mm
5.3	过程层设备				

序号	设备名称	型号规格	单位	数量	备注
（1）	110kV 线路合并单元智能终端集成装置		套	2	单套配置，含在对应 HGIS 间隔内
（2）	110kV 分段合并单元智能终端集成装置		套	1	单套配置，含在对应 HGIS 间隔内
（3）	110kV 母线设备合并单元装置		套	2	双套配置，含在对应 HGIS 间隔内
（4）	110kV 母线设备智能终端装置		套	2	单套配置，含在对应 HGIS 间隔内
（5）	主变压器高压侧合并单元智能终端集成装置		套	4	双套配置，含在对应 HGIS 间隔内
（6）	主变压器中压侧合并单元智能终端集成装置		套	4	双套配置
（7）	主变压器低压侧合并单元智能终端集成装置		套	4	双套配置
（8）	主变压器本体合并单元		套	4	双套配置
（9）	主变压器本体智能终端	含变压器非电量保护功能	套	2	单套配置
6	调度自动化设备				
6.1	电能表				
（1）	110kV 线路电能表（考核）	有功精度 0.5S 级，无功精度 2.0 级	块	2	
（2）	主变压器高压侧电能表（考核）	有功精度 0.5S 级，无功精度 2.0 级	块	2	
（3）	主变压器中压侧电能表（考核）	有功精度 0.5S 级，无功精度 2.0 级	块	2	
（4）	主变压器低压侧电能表（考核）	有功精度 0.5S 级，无功精度 2.0 级	块	2	
（5）	35kV 线路电能表（关口）	有功精度 0.5S 级，无功精度 2.0 级	块	6	
（6）	10kV 线路电能表（关口）	有功精度 0.5S 级，无功精度 2.0 级	块	16	
（7）	10kV 电容器电能表（考核）	有功精度 0.5S 级，无功精度 2.0 级	块	4	

序号	设备名称	型号规格	单位	数量	备注
（8）	10kV 接地变压器电能表（考核）	有功精度 0.5S 级，无功精度 2.0 级	块	2	
（9）	站用电进线柜电能表（考核）	有功精度 0.5S 级，无功精度 2.0 级	块	2	
6.2	电能量采集终端柜		面	1	
（1）	电能量远方终端		台	1	
（2）	电源防雷器		个	2	
6.3	电力调度数据网接入设备				
（1）	路由器		台	2	
（2）	交换机		台	4	
（3）	纵向加密认证装置		台	4	
（4）	柜体		面	1	
6.4	安装材料				
（1）	计算机通信电缆	DJYPVP4×2×1	m	400	
（2）	屏蔽音频电缆	HYVP－5×2×0.7	m	50	
（3）	以太网线	STP	m	200	
7	通信设备				
7.1	SDH 光电数字传输设备	STM－64	套	1	
7.2	综合配线柜		面	1	
7.3	光纤配线柜		面	1	
7.4	IAD 交换机主机柜		面	1	
7.5	光接口单元及板卡	STM－16	块	1	
7.6	导引光缆		m	500	
7.7	余缆箱		个	1	
7.8	电缆保护管	PVCϕ40	m	500	
7.9	电缆保护管	PVCϕ25	m	300	
7.10	尾纤		条	14	

4.1.1.3　典型方案 NX－110－B－1（35&10）建筑工程量表

建筑工程量清册划分为总图、建筑物、构筑物、水工及消防、暖通专业五部分。

总图部分建筑工程量包括站区占地面积、站区道路面积、站区围墙长度、地坪面积、站区内建筑面积、站区电缆沟长度等各项。

建筑物部分分为建筑和结构两部分。建筑部分包括配电室的建筑面积、建筑体积、地面工程、屋面工程、楼面工程、墙体工程等各项。结构部分包括钢筋混凝土屋面板面积、钢柱、钢梁、基础四项。

构筑物部分包括室外主变压器及各电压等级配电装置构架、设备支架、设备基础等各项。

水工及消防部分包括给排水管道、消防设施等各项。

暖通部分包括轴流风机、空调机、电暖气等各项。

典型方案 NX－110－B－1（35&10）建筑工程量详见表 4－4。

表 4－4　　典型方案 NX－110－B－1（35&10）建筑工程量表

序号	建筑工程量名称	型号及规格	单位	数量	备注
一	总图部分				
1	站区围墙内占地面积		m²	4520.75	
2	站区围墙长度		m	272	结构型式：装配式实体围墙 墙体高度：2.3m
3	围墙大门	钢制实体电动大门	m²	12	
4	站区道路		m²	549	
5	站区沟道				
5.1		0.8m×0.8m	m	169.1	围墙内室外预制电缆沟
5.2	电缆沟	1.1m×1.0m	m	28.5	
5.3		1.4m×1.0m	m	9	
二	建筑部分				
1	配电室				
1.1	建筑部分				

序号	建筑工程量名称	型号及规格	单位	数量	备注
1.1.1	建筑面积		m²	588	
1.1.2	建筑体积		m³	2940	
1.1.3	地面面层		m²	528	
1.1.3.1	彩色水泥基自流平地面		m²	376.2	复杂地面
1.1.3.2	地砖地面		m²	99	复杂地面
1.1.3.3	地砖地面		m²	52.8	普通地面
1.1.4	屋面保温	聚苯乙烯隔热保温板	m²	528	
1.1.5	屋面防水	高分子卷材和高分子防水涂膜防水屋面	m²	629.16	
1.1.6	外墙（外墙装饰）	一体化水泥纤维集成化墙板	m²	709.98	
1.1.7	内墙	一体化水泥纤维集成化墙板	m²	182	
1.1.8	内墙装饰	乳胶漆	m²	823.05	
1.1.9	吊顶	铝合金方格吊顶	m²	528	
1.2	结构部分				
1.2.1	钢柱	H 型钢	t	19.22	
1.2.2	钢梁	H 型钢	t	36.99	
1.2.3	屋面板面积		m²	528	
1.2.4	基础	C30 钢筋混凝土	m³	195.8	
2	预制舱基础				
2.1	建筑面积		m²	34.16	
2.2	基础	C30 钢筋混凝土	m³	40.57	
3	生产辅助用房				
3.1	建筑部分				
3.1.1	建筑面积		m²	52	
3.1.2	建筑体积		m³	182	
3.1.3	地面面层		m²	42.16	
3.1.3.1	地砖地面		m²	42.16	普通地面
3.1.4	屋面保温	聚苯乙烯隔热保温板	m²	42.16	
3.1.5	屋面防水	高分子卷材和高分子防水涂膜防水屋面	m²	55.64	

序号	建筑工程量名称	型号及规格	单位	数量	备注
3.1.6	外墙（外墙装饰）	一体化水泥纤维集成化墙板	m²	110.4	
3.1.7	内墙	一体化水泥纤维集成化墙板	m²	31.5	
3.1.8	内墙装饰	乳胶漆	m²	149.4	
3.1.9	吊顶	铝合金方格吊顶	m²	42.16	
3.2	结构部分				
3.2.1	钢柱	H 型钢	t	3.65	
3.2.2	钢梁	H 型钢	t	3.23	
3.2.3	屋面板面积		m²	42.16	
3.2.4	基础	C30 钢筋混凝土	m³	10.02	
三		构筑物部分			
1	主变压器构支架及基础				
1.1	构架柱（人字柱）		t	1.46	
1.2	带端撑柱		t	3.16	
1.3	11m 主变压器钢梁		t	2.17	
1.4	钢爬梯等附件		t	0.49	
1.5	中性点基础	C30 钢筋混凝土基础	m³	3.14	
1.6	10kV/35kV 母线桥支架		t	4.06	
2	主变压器基础及油坑				
2.1	主变压器基础	C30 钢筋混凝土基础	m³	25.76	
2.2	主变压器油坑		m³	108.07	净空容积
2.3	钢格栅盖板		t	11.76	
3	防火墙	现浇框架，预制墙板	m²	52.2	
4	事故油池	钢筋混凝土	m³	30	有效容积
5	110kV 构支架及基础				
5.1	构架柱		t	24.46	
5.2	钢梁		t	10.65	
5.3	钢爬梯等附件		t	2.89	
5.4	支架		t	8.96	避雷器、电压互感器
5.5	HGIS 基础	C30 钢筋混凝土基础	m³	182	

续表

序号	建筑工程量名称	型号及规格	单位	数量	备注
6	消弧线圈及接地变压器基础	C30 钢筋混凝土基础	m³	61.94	3 组
7	电容器基础	C30 钢筋混凝土基础	m³	19.10	4 组
8	25m 避雷针塔		t	1.27	2 座
四		水工及消防部分			
1	站区室外给水管道	PPR 塑料管 De 25～63mm	m	20	
2	给水井	φ1250 圆形混凝土砌块井	座	1	
3	站区室外排水管道	DN300 HDPE 高密度聚乙烯排水管	m	405	
4	站区室外排油管道	φ200×5 钢管	m	32	
5	雨水沉井	混凝土雨水沉井 600mm×700mm×600mm	座	11	
6	检查井	φ1000 圆形混凝土砌块井	座	16	
7	化粪池	成品环保化粪池	座	1	
8	推车式干粉灭火器	70kg	个	2	
9	手提式干粉灭火器	8kg	个	28	
10	手提式二氧化碳灭火器	7kg	个	12	
11	铝合金消防柜及成品沙箱		个	2	
12	消防桶		套	2	消防服、消防铲等
五		暖通部分			
1	防爆壁轴流风机		台	1	
2	轴流风机		台	8	
3	柜式空调机	3P	台	2	
4	壁挂式防爆空调机	1.5P	台	1	
5	换气扇		台	1	
6	壁挂式电暖气	1kW	组	5	
7	壁挂式电暖气	2kW	组	14	
8	防爆式壁挂式电暖气	2kW	组	1	

4.1.1.4 典型方案预算书

预算投资为静态投资，典型方案 NX－110－B－1（35&10）预算书包括总预算表、安装部分汇总预算表、建筑部分汇总预算表、其他费用预算表，详见表 4－5～表 4－8。

表 4－5　　　典型方案 NX－110－B－1（35&10）总预算表　　　金额单位：万元

序号	工程或费用名称	建筑工程费	设备购置费	安装工程费	其他费用	合计	各项占静态投资（%）	单位投资（元/kVA或元/kW）
一	主辅生产工程	826	2499	552		3877	83.13	387.7
（一）	主要生产工程	657	2499	552		3708	79.5	370.8
（二）	辅助生产工程	169				169	3.62	16.9
二	与站址有关的单项工程	67		30		97	2.08	9.7
	小计	893	2499	582		3974	85.21	397.4
三	其中：编制基准期价差	144		15		159	3.41	15.9
四	其他费用				644	644	13.81	64.4
1	其中：建设场地征用及清理费				68	68		
五	基本预备费				46	46	0.99	4.6
六	特殊项目							
	工程静态投资	893	2499	582	690	4664	100	466.4

表 4－6　　典型方案 NX－110－B－1（35&10）安装部分汇总预算表

金额单位：元

序号	工程或费用名称	设备购置费	安装工程费			合计
			装置性材料	安装	小计	
一	安装工程	24990111	1816000	4002070	5818071	30808182
二	主要生产工程	24990111	1816000	3702070	5518071	30508182
1	主变压器系统	5732450	153302	280257	433559	6166009
1.1	110kV 主变压器	5732450	153302	280257	433559	6166009
2	配电装置	12432553	248678	651474	900152	13332705
2.1	屋内配电装置	6985660	225057	283823	508880	7494540

序号	工程或费用名称	设备购置费	安装工程费			合计
			装置性材料	安装	小计	
2.1.1	35kV 配电装置	4139173		124409	124409	4263582
2.1.2	10kV 配电装置	2846487	225057	159414	384471	3230958
2.2	屋外配电装置	5446893	23621	367651	391272	5838165
2.2.1	110kV 配电装置	5446893	23621	367651	391272	5838165
3	无功补偿	479735		76731	76731	556466
3.1	低压电容器	479735		76731	76731	556466
3.1.1	10kV 低压电容器	479735		76731	76731	556466
4	控制及直流系统	4882021	132999	414708	547707	5429728
4.1	计算机监控系统	1629909		182180	182180	1812089
4.1.1	计算机监控系统	1498999		61624	61624	1560623
4.1.2	智能设备			105277	105277	105277
4.1.3	同步时钟	130910		15279	15279	146189
4.2	继电保护	756358		73501	73501	829859
4.3	直流系统及 UPS	553850	132999	54688	187687	741537
4.4	智能辅助控制系统	1337704		82793	82793	1420496
4.5	在线监测系统	604200		21546	21546	625746
5	站用电系统		36506	33580	70086	70086
5.1	站区照明		36506	33580	70086	70086
6	电缆及接地	60420	1163621	955790	2119412	2179832
6.1	全站电缆	60420	1015629	724757	1740386	1800806
6.1.1	电力电缆		223441	89506	312947	312947
6.1.2	控制电缆	60420	560966	351933	912899	973319
6.1.3	电缆辅助设施		73843	81744	155587	155587
6.1.4	电缆防火		157378	201575	358953	358953
6.2	全站接地		147993	231033	379026	379026
7	通信及远动系统	1402932	80894	95086	175980	1578912
7.1	通信系统	1070622	68778	74584	143361	1213984
7.2	远动及计费系统	332310	12116	20502	32618	364928

续表

序号	工程或费用名称	设备购置费	安装工程费			合计
			装置性材料	安装	小计	
8	全站调试			1194445	1194445	1194445
8.1	分系统调试			268019	268019	268019
8.2	整套启动调试			25894	25894	25894
8.3	特殊调试			900532	900532	900532
三	与站址有关的单项工程			300000	300000	300000
1	站外电源			300000	300000	300000
	合计	24990111	1816000	4002070	5818071	30808182

表 4-7　　典型方案 NX-110-B-1（35&10）建筑部分汇总预算表

金额单位：元

序号	工程或费用名称	建筑费	设备费	建筑工程费合计
一	建筑工程	8790332	139200	8929532
二	主要生产工程	6449888	124500	6574388
1	主要生产建筑	3698373	124500	3822873
1.1	配电室	3585037	124500	3709537
1.1.1	一般土建	3502101		3502101
1.1.2	采暖、通风及空调	35462	85500	120962
1.1.3	照明	47473	39000	86473
1.2	预制舱基础	113336		113336
1.2.1	一般土建	113336		113336
2	配电装置建筑	2723317		2723317
2.1	主变压器系统	655792		655792
2.1.1	构支架及基础	237558		237558
2.1.2	主变压器设备基础	48153		48153
2.1.3	主变压器油坑及卵石	261918		261918
2.1.4	防火墙	49038		49038
2.1.5	30m³ 事故油池	59124		59124
2.2	110kV 构支架及设备基础	1272580		1272580

序号	工程或费用名称	建筑费	设备费	建筑工程费合计
2.2.1	构架及基础	732885		732885
2.2.2	支架及基础	539696		539696
2.3	接地变压器基础	112454		112454
2.3.1	接地变压器基础	112454		112454
2.4	避雷针塔	33340		33340
2.4.1	电缆沟道	534157		534157
2.4.2	电容器基础	114993		114993
3	供水系统	9971		9971
3.1	站区供水管道及设备	5315		5315
3.2	给水井	4655		4655
4	消防系统	18227		18227
4.1	消防器材	18227		18227
三	辅助生产工程	1670445	14700	1685145
1	辅助生产建筑	504448	14700	519148
1.1	生产辅助房	504448	14700	519148
1.1.1	一般土建	490572		490572
1.1.2	给排水	3584		3584
1.1.3	采暖、通风及空调	3914	6300	10214
1.1.4	照明	6379	8400	14779
2	站区性建筑	1050777		1050777
2.2	站区道路及广场	186167		186167
2.3	站区排水	356426		356426
2.3.1	雨水井	228037		228037
2.3.2	窨井	15763		15763
2.3.3	化粪池	105245		105245
2.3.4	排水管道	7381		7381
2.4	围墙及大门	508183		508183
3	全站沉降观测点	12467		12467
4	站区投光灯、摄像机、箱式设备基础等	102753		102753

续表

序号	工程或费用名称	建筑费	设备费	建筑工程费合计
四	与站址有关的单项工程	670000		670000
2	站外道路	320000		320000
2.1	道路路面	320000		320000
3	站外水源	250000		250000
4	站外排水	100000		100000
	合计	8790332	139200	8929532

表 4-8　　　典型方案 NX-110-B-1（35&10）其他费用预算表

金额单位：元

序号	工程或费用名称	编制依据及计算说明	合计
1	建设场地征用及清理费		677811
2	项目建设管理费		2125893
2.1	项目法人管理费	（建筑工程费＋安装工程费）×3.73%	550086
2.2	招标费	（建筑工程费＋安装工程费）×2.29%	337720
2.3	工程监理费	（建筑工程费＋安装工程费）×6.15%	906978
2.4	设备材料监造费	监造设备购置费×0.87%	166140
2.5	施工过程造价咨询及竣工结算审核费	（建筑工程费＋安装工程费）×0.88%	129779
2.6	保险费		35190
2.6.1	工程保险费	（建筑工程费＋安装工程费＋设备购置费）×0.07%	27816
2.6.2	建设工程款支付保险费	（建筑工程费＋安装工程费）×10%×0.45%	7374
3	项目建设技术服务费		3430283
3.1	项目前期工作费		1177000
3.1.1	可行性研究费用		280000
3.1.2	环境影响评价费用		56000
3.1.3	建设项目规划选址费		105000
3.1.4	水土保持方案编审费用		105000
3.1.5	地质灾害危险性评估费用		70000
3.1.6	地震安全性评价费用		140000

续表

序号	工程或费用名称	编制依据及计算说明	合计
3.1.7	文物调查费用		56000
3.1.8	矿产压覆评估费用		56000
3.1.9	用地预审费用		84000
3.1.10	节能评估费用		35000
3.1.11	社会稳定风险评估费用		70000
3.1.12	使用林地可行性研究费用		70000
3.1.13	土地复垦报告编制费用		50000
3.2	勘察设计费		1627342
3.2.1	勘察费		300000
3.2.2	设计费		1206675
3.2.3	三维设计费	设计费×10%	120667
3.3	设计文件评审费		276000
3.3.1	可行性研究文件评审费		60000
3.3.2	初步设计文件评审费		90000
3.3.3	施工图文件评审费		126000
3.4	工程建设检测费		335193
3.4.1	电力工程质量检测费	（建筑工程费＋安装工程费）×0.28%	41293
3.4.2	环境监测及环境保护验收费		113000
3.4.3	水土保持监测及验收费		180900
3.5	电力工程技术经济标准编制费	（建筑工程费＋安装工程费）×0.1%	14748
4	生产准备费		210891
4.1	工器具及办公家具购置费	（建筑工程费＋安装工程费）×1.08%	159274
4.2	生产职工培训及提前进场费	（建筑工程费＋安装工程费）×0.35%	51617
	合计		6444878

4.1.1.5 典型方案 NX－110－B－1（10）主要电气设备材料表

电气设备材料表划分为电气一次、电气二次两部分。

电气一次部分包括主变压器系统、各电压等级配电装置、无功补偿装置、站用电系统、电缆及附件、接地各部分。其中，主变压器系统主要包括与主变压器相连到构架前的部分设备；站用电系统中，将动力配电箱、检修箱、照明配电箱、户外照明灯具、照明电缆归入本项内；电缆及附件部分包括二次控制电缆及 1kV 电力电缆、站用电高压电力电缆、电缆支架、防火材料等；接地部分包括主接地网、接地引下线、垂直接地极等。

电气二次部分包括计算机监控系统、系统保护及安全自动装置、系统调度自动化、过程层设备、一体化电源设备、智能辅助控制系统、时间同步系统各部分。

典型方案 NX-110-B-1（10）主要电气设备材料详见表 4-9。

表 4-9　　典型方案 NX-110-B-1（10）主要电气设备材料表

序号	名称	型号及规范	单位	数量	备注
一	一次设备部分				
1	主变压器部分				
1.1	110kV 三相两绕组有载调压变压器	SZ11-50000/11050000kVA 电压比：110±8×1.25%/10.5kV 接线组别：50/50YNd11 冷却方式：ONAN 短路阻抗：U_k（%）=17% 附高压侧中性点套管电流互感器 LRB-60-5P20/5P20100-300/5，2 只	台	2	
1.2	中性点成套装置	单极隔离开关：GW13-72.5，1250A，31.5kA，附电动机构，爬电距离不小于1812mm，1 极，带钢支架 氧化锌避雷器：Y1.5W-72/186W，附运行监测仪，1 只 中性点电流互感器：100～300/5A5P20/5P20，2 只 半球形放电间隙：1 套	套	2	
1.3	氧化锌式避雷器	YH5WZ-17/45	组	2	
2	110kV 配电装置部分				
2.1	组合电器	复合组合电气 HGIS 断路器：126kV，3150A，40kA，1 台 隔离开关：126kV，3150A，40kA/4S，2 组 电流互感器：2×600/5A，5P30，3 只 电流互感器：2×600/5A，0.2S，3 只 电流互感器：2×600/5A，0.2S，3 只 接地开关：126kV，40kA/3S，2 组 出线套管：126kV，3150A，40kA/3S，2 套 智能终端箱：落地式，1 面	套	2	架空出线间隔

续表

序号	名称	型号及规范	单位	数量	备注
2.2	组合电器	复合组合电气 HGIS 断路器：126kV，1250A，31.5kA，1 台 隔离开关：126kV，3150A，40kA/4S，2 组 电流互感器：2×300/5A，5P30，4 只 电流互感器：2×300/5A，0.2S，4 只 电流互感器：2×300/5A，0.2S，4 只 接地开关：126kV，40kA/3S 出线套管：126kV，3150A，40kA/3S，3 套 智能终端箱：落地式，1 面	套	2	主变压器进线间隔
2.3	组合电器	复合组合电气 HGIS 断路器：126kV，3150A，40kA，1 台 隔离开关：126kV，3150A，40kA/4S，2 组 电流互感器：2×300/5A，5P30，2 只 电流互感器：2×300/5A，0.2S，2 只 电流互感器：2×300/5A，0.2S，2 只 接地开关：126kV，40kA/3S 出线套管：126kV，3150A，40kA/3S，3 套 带电显示装置：1 套 智能终端箱：落地式，1 面	套	1	分段间隔
2.4	组合电器	复合组合电气 HGIS 隔离开关：126kV，3150A，40kA/3S，1 组 接地开关：126kV，40kA/3S，2 组 电压互感器：（110/$\sqrt{3}$）/（0.1/$\sqrt{3}$）/（0.1/$\sqrt{3}$）/（0.1/$\sqrt{3}$）/0.1kV，3 台 智能终端箱：落地式，1 面	套	2	母线间隔
2.5	组合电器母线	三相共箱式，126kV，3150A，40kA/3S	m	16	
2.6	110kV 氧化锌避雷器	额定电压：102kV 标称放电电流：10kA 10kV 雷电冲击电流残压：266kV 爬电距离：3105mm	只	4	瓷外套
3	10kV 配电装置部分				
3.1	10kV 开关柜	断路器柜 金属铠装移开式高压开关柜 手车，真空断路器：12kV，4000A，40kA 电流互感器：4000/5A，5P30/5P30/0.2/0.2S 带电显示装置：DXN－12 接地开关：JN－12	面	2	主变压器进线
3.2	10kV 开关柜	断路器柜 金属铠装移开式高压开关柜 手车，真空断路器：12kV，1250A，31.5kA 电流互感器：300～600/5A，5P30/0.2/0.2S 带电显示装置：DXN－12 接地开关：JN－12	面	24	出线

序号	名称	型号及规范	单位	数量	备注
3.3	10kV 开关柜	断路器柜 金属铠装移开式高压开关柜 手车、真空断路器：12kV，1250A，31.5kA 电流互感器：300/5A，5P30/0.2/0.2S 带电显示装置：DXN－12 接地开关：JN－12	面	2	接地变压器
3.4	10kV 开关柜	断路器柜 金属铠装移开式高压开关柜 手车、真空断路器：12kV，1250A，31.5kA 电流互感器：600/5A，5P30/0.2/0.2S 带电显示装置：DXN－12	面	4	电容器
3.5	10kV 开关柜	电压互感器柜 金属铠装移开式高压开关柜 手车：12kV，1250A，31.5kA 全绝缘电压互感器：（10/$\sqrt{3}$）/（0.1/$\sqrt{3}$）/（0.1/$\sqrt{3}$）/（0.1/$\sqrt{3}$）/（0.1/$\sqrt{3}$）kV 避雷器：YH5WZ－17/45 消谐器：RXQ－10 高压熔断器：XRNP－10/0.5 带电显示装置：DXN－12	面	2	母线设备
3.6	10kV 开关柜	隔离柜 金属铠装移开式高压开关柜 手车：12kV，1250A，31.5kA 带电显示装置：DXN－12	面	2	隔离
3.7	10kV 开关柜	分段柜 金属铠装移开式高压开关柜 手车：12kV，4000A，40kA 带电显示装置：DXN－12	面	2	分段
3.8	10kV 封闭母线桥	铜母线，4000A，40kA	m	7.5	
3.9	接地变压器消弧线圈成套装置	户外高压并联电容器成套装置组合柜 接地变压器：700/10.5－100/0.4 消弧线圈：600/10.5	套	2	户外箱式
3.10	10kV 电容器成套装置	TBB10－3600/200－AKW 框架式并联电容器：单台容量 200kvar FDGE－12/$\sqrt{3}$－4－1W，3 台 放电线圈支架，1 套 CKDK－10－144/0.32－12，3 台 GW4－40.5D/1250A－4，四极（右接地），1 组 HY5WR－17/46，3 只 放电线圈端子箱（悬挂式）JXW－3，1 面 防护围栏，网孔大小 20mm×20mm，1 套等	套	4	

序号	名称	型号及规范	单位	数量	备注
4	导体及导线材料				
4.1	钢芯铝绞线	JL/GIA－300/25	m	60	
4.2	钢芯铝绞线	JL/GIA－120/25	m	10	
4.3	矩形铜母线	2×（TMY－125×10）	m	155	
4.4	矩形铜母线	TMY－40×4	m	7	
4.5	钢芯铝绞线	JL/G1A－400/35	m	60	
4.6	钢芯铝绞线	JL/G1A－300/25	m	80	
4.7	钢芯铝绞线	JL/G1A－120/25	m	20	
4.8	矩形铜母线	TMY－40×4	m	3	
4.9	矩形铝母线	LMY－80×8	m	100	
4.10	支柱绝缘子	ZS－24/16	只	36	
4.11	悬垂绝缘子串		只	60	
4.12	耐张绝缘子串		只	66	
4.13	穿墙套管	CWW－20/4000－4	只	6	
5	接地				
5.1	钢管（镀锌）	$\phi50\times5$，$L=2500mm$	根	60	垂直接地体
5.2	扁钢（镀锌）	－70×8	m	1200	接地干线
5.3	扁钢（镀锌）	－60×8	m	1800	接地支线、接地连线、端子箱、动力箱外壳、铁门接地
5.4	扁钢（镀锌）	－30×4	m	260	
5.5	铜排	TMY－30×4	m	270	
5.6	热塑套	与铜排配套	m	270	
5.7	铜导线	BV－120（带接线鼻子）	m	250	
5.8	铜辫子	$50mm^2$，$L=1000mm$	套	5	
5.9	铜辫子	$120mm^2$，$L=1000mm$	套	4	
5.10	钢管	$\phi100$	m	42	
5.11	接地端子（盒）		套	8	
5.12	导电防腐涂料		kg	300	

序号	名称	型号及规范	单位	数量	备注
6	防火材料及电缆支架				
6.1	防火发泡砖	240mm×120mm×60mm	块	1500	
6.2	防火发泡砖	240mm×120mm×30mm	块	3000	
6.3	防火发泡砖	240mm×120mm×15mm	块	300	
6.4	有机防火堵料	FZD-Ⅱ（1850kg/m³）	kg	450	
6.5	无机防火堵料	WS-Ⅱ（1100kg/m³）	kg	800	
6.6	酸性氨基防火涂料	AQ60-Q（2kg/m²）	kg	750	
6.7	角铝	L50×5	m	100	
6.8	镀锌钢管	$\phi40$	m	1200	
6.9	PVC	$\phi25$	m	600	
6.10	镀锌角钢	L40×4	t	2.5	
6.11	镀锌角钢	L50×5	t	2.5	
6.12	不锈钢槽盒		m	250	
二	二次设备部分				
1	一次设备在线监测		套	1	
1.1	铁芯夹件接地电流监测传感器及在线监测 IED		套	2	
1.2	中性点成套设备避雷器泄漏电流监测数字化远传表计及在线监测 IED		套	2	
1.3	主变压器数字化油温计、油位计及在线监测 IED		套	2	
1.4	独立避雷器泄漏电流监测数字化远传表计及在线监测 IED		套	8	
1.5	SF_6 气体密度远传表计及在线监测 IED		套	1	表计由 HGIS 设备厂家提供，按气室配置
1.6	35kV 绝缘气体密度远传表计及在线监测 IED		套	1	表计由充气柜设备厂家提供，按间隔配置

序号	名称	型号及规范	单位	数量	备注
1.7	10kV 触头测温装置及在线监测 IED		套	1	装置由开关柜设备厂家提供，按主变压器进线开关柜及分段柜配置
2	交直流电源系统				
2.1	一体化电源系统		套	1	
	交流进线柜	智能交流进线柜 1 面，含电源自动切换装置	面	1	
	交流馈线柜		面	3	
2.2	第一组并联直流电源柜	配置 2A 模块 10 个	面	2	安装于预制舱
	第一组并联直流馈线屏		面	2	
	第二组并联直流电源柜	配置 2A 模块 29 个	面	4	安装于二次设备室电池小室
	第二组并联直流馈线屏		面	2	
	第三组并联直流电源屏	配置 2A 模块 12 个	面	2	安装于二次设备室电池小室
	第二组通信电源馈线柜		面	1	
	事故照明电源馈线柜		面	1	
	UPS 电源馈线柜		面	1	
2.3	电力电缆	ZR－YJV22－1－3×120＋1×70	m	400	
		ZR－YJV22－1－1×95	m	150	
3	电缆、光缆及网络线				
3.1	电力电缆	ZR－YJV22－1－2×4	km	1	
		ZR－YJV22－1－2×10	km	1.2	
		ZR－YJV22－1－3×10＋1×6	km	1.2	
		ZR－YJV22－1－3×16＋1×10	km	1	
		ZR－YJV22－1－3×95＋1×50	km	0.6	

序号	名称	型号及规范	单位	数量	备注
3.2	控制电缆	ZR－KYJVP2－22－450/750－4×1.5	km	2	
		ZR－KYJVP2－22－450/750－7×1.5	km	4.9	
		ZR－KYJVP2－22－450/750－14×1.5	km	2.5	
		ZR－KYJVP2－22－450/750－4×4	km	7	
		ZR－KYJVP2－22－450/750－8×4	km	0.8	
3.3	多模预制光缆12芯	每根50m，含连接器，免熔接光配模块	km	2.75	
3.4	尾缆		km	4	
3.5	光纤跳线		km	1.85	
3.6	屏蔽双绞线		km	2.05	
3.7	超五类屏蔽以太网线		km	3.3	
4	系统保护及安全自动装置				
4.1	110kV 线路保护测控柜	110kV 线路光差保护测控装置2套	套	2	2260mm×600mm×600mm
4.2	110kV 分段保护测控及备自投柜	110kV 分段保护测控装置1套，110kV 备自投装置1套，过程层中心交换机4套	套	1	2260mm×600mm×600mm
4.3	110kV 母线保护柜	含110kV 母线保护装置1套	面	1	2260mm×600mm×600mm
4.4	低频低压减载柜	含低频低压减载装置1套	面	1	2260mm×600mm×600mm
4.5	故障录波柜	含故障录波装置1套	面	1	2260mm×600mm×600mm
4.6	网络分析系统柜	含网络分析仪1套	面	1	2260mm×600mm×600mm
5	综合自动化设备				
5.1	站控层设备				
（1）	监控主机柜	含监控主机2套，液晶彩显1台，系统软件及应用软件1套，键盘、鼠标1套，音响1套，网络打印机1台	面	1	2260mm×600mm×900mm
（2）	智能防误主机柜	具备面向全站设备的操作闭锁功能，为一键顺控操作提供模拟预演、防误校核功能	面	1	2260mm×600mm×900mm
（3）	综合应用服务器柜	含综合应用服务器1套，液晶彩显1台，键盘、鼠标1套	面	1	2260mm×600mm×900mm
（4）	Ⅰ区数据通信网关机柜	Ⅰ区数据通信网关机，Ⅱ区数据通信网关机，防火墙	面	1	2260mm×600mm×600mm

序号	名称	型号及规范	单位	数量	备注
（5）	站控层网络及公用测控柜	公用测控装置，Ⅰ区站控层交换机，Ⅱ区站控层交换机	面	1	2260mm×600mm×600mm
（6）	时间同步系统主机柜	含主时钟装置 2 套、支持北斗对时及 GPS 对时	面	1	2260mm×600mm×600mm
（7）	扩展同步时钟对时柜	扩展同步时钟装置，110kV 间隔层交换机	面	1	2260mm×600mm×600mm
5.2	间隔层设备				
（1）	公用及 110kV 母线测控柜	含公用测控装置 2 套，110kV 母线测控装置 1 套	面	1	2260mm×600mm×600mm
（2）	主变压器保护柜	含变压器主后一体保护装置 2 套	面	2	2260mm×600mm×600mm
（3）	主变压器测控柜	含主变压器高、中、低、本体测控各 1 台	面	2	2260mm×600mm×600mm
（4）	10kV 公用测控柜	10kV 公用测控装置 2 套	面	1	2260mm×600mm×600mm
（5）	10kV 母线测控装置		套	2	2260mm×600mm×600mm
（6）	10kV TV 重动并列装置		套	2	2260mm×600mm×600mm
（7）	10kV 线路保护测控装置		套	24	2260mm×600mm×600mm
（8）	10kV 分段保护测控装置		套	2	2260mm×600mm×600mm
（9）	10kV 备自投装置		套	2	2260mm×600mm×600mm
（10）	10kV 接地变压器保护测控装置		套	2	2260mm×600mm×600mm
（11）	10kV 电容器保护测控装置		套	4	2260mm×600mm×600mm
（12）	10kV 间隔层交换机	22 电口，2 光口	台	6	2260mm×600mm×600mm
（13）	集中接线柜		面	1	2260mm×800mm×600mm
5.3	过程层设备				
（1）	110kV 线路合并单元智能终端集成装置		套	2	单套配置，含在对应 HGIS 间隔内

序号	名称	型号及规范	单位	数量	备注
（2）	110kV 分段合并单元智能终端集成装置		套	1	单套配置，含在对应 HGIS 间隔内
（3）	110kV 母线设备合并单元装置		套	2	双套配置，含在对应 HGIS 间隔内
（4）	110kV 母线设备智能终端装置		套	2	单套配置，含在对应 HGIS 间隔内
（5）	主变压器高压侧合并单元智能终端集成装置		套	4	双套配置，含在对应 HGIS 间隔内
（6）	主变压器低压侧合并单元智能终端集成装置		套	4	双套配置
（7）	主变压器本体合并单元		套	4	双套配置
（8）	主变压器本体智能终端	含变压器非电量保护功能	套	2	单套配置
6	调度自动化设备				
6.1	电能表				
（1）	110kV 线路电能表（考核）	有功精度 0.5S 级，无功精度 2.0 级	块	2	安装于 110kV 线路保护测控柜内
（2）	主变压器高压侧电能表（考核）	有功精度 0.5S 级，无功精度 2.0 级	块	2	安装于主变压器电能表柜
（3）	主变压器低压侧电能表（考核）	有功精度 0.5S 级，无功精度 2.0 级	块	2	安装于主变压器电能表柜
（4）	10kV 线路电能表（关口）	有功精度 0.5S 级，无功精度 2.0 级	块	24	
（5）	10kV 电容器电能表（考核）	有功精度 0.5S 级，无功精度 2.0 级	块	4	
（6）	10kV 接地变电能表（考核）	有功精度 0.5S 级，无功精度 2.0 级	块	2	
（7）	站用电进线柜电能表（考核）	有功精度 0.5S 级，无功精度 2.0 级	块	2	包含于站用电系统
6.2	主变压器电能表柜		面	1	2260mm×800mm×600mm
6.3	电能量采集终端柜		面	1	
（1）	电能量远方终端		台	1	
（2）	电源防雷器		个	2	

序号	名称	型号及规范	单位	数量	备注
6.4	电力调度数据网接入设备				
（1）	路由器		台	2	
（2）	交换机		台	4	
（3）	纵向加密认证装置		台	4	
（4）	PDU 插座		个	4	
（5）	网络安全监测装置	Ⅱ型	台	1	
（6）	柜体		面	1	
6.5	安装材料				
（1）	计算机通信电缆	DJYPVP4×2×1	m	400	
（2）	屏蔽音频电缆	HYVP－5×2×0.7	m	50	
（3）	以太网线	STP	m	200	
7	通信设备				
7.1	SDH 光电数字传输设备	STM－64	套	1	
7.2	综合配线柜		面	1	
7.3	光纤配线柜		面	1	
7.4	IAD 交换机主机柜		面	1	
7.5	光接口单元及板卡	STM－16	块	1	
7.6	导引光缆		m	500	
7.7	余缆箱		个	1	
7.8	电缆保护管	PVCφ40	m	500	
7.9	电缆保护管	PVCφ25	m	300	
7.10	尾纤		条	14	

4.1.1.6 典型方案 NX－110－B－1（10）建筑工程量表

建筑工程量清册划分为总图、建筑物、构筑物、水工及消防、暖通五部分。

总图部分建筑工程量包括站区占地面积、站区道路面积、站区围墙长度、站区内建筑面积、站区电缆沟长度等各项。

建筑物部分分为建筑和结构两部分。建筑部分包括配电室的建筑面积、建筑体积、地面工程、屋面工程、楼面工程、墙体工程等各项。结构部分包括钢筋混凝土屋面板面积、钢柱、钢梁、基础四项。

构筑物部分包括室外主变压器及各电压等级配电装置构架、设备支架、设备基础等各项。

水工及消防部分包括给排水管道、消防设施等各项。

暖通部分包括轴流风机、空调机、电暖气等各项。

典型方案 NX-110-B-1（10）建筑工程量详见表4-10。

表4-10　　　典型方案 NX-110-B-1（10）建筑工程量表

序号	建筑工程量名称	型号及规格	单位	数量	备注
一	总图部分				
1	站区围墙内占地面积		m²	4520.75	
2	站区围墙长度		m	272	结构型式：装配式实体围墙 墙体高度：2.3m
3	围墙大门	钢制实体电动大门	m²	12	
4	站区道路		m²	549	
5	站区沟道				
5.1	电缆沟	0.8m×0.8m	m	169.1	围墙内室外预制电缆沟
5.2		1.1m×1.0m	m	28.5	
5.3		1.4m×1.0m	m	9	
二	建筑物部分				
1	配电室				
1.1	建筑部分				
1.1.1	建筑面积		m²	588	
1.1.2	建筑体积		m³	2940	
1.1.3	地面面层		m²	528	
1.1.3.1	彩色水泥基自流平地面		m²	376.2	复杂地面
1.1.3.2	地砖地面		m²	99	复杂地面
1.1.3.3	地砖地面		m²	52.8	普通地面
1.1.4	屋面保温	聚苯乙烯隔热保温板	m²	528	

续表

序号	建筑工程量名称	型号及规格	单位	数量	备注
1.1.5	屋面防水	高分子卷材和高分子防水涂膜防水屋面	m²	629.16	
1.1.6	外墙（外墙装饰）	一体化水泥纤维集成化墙板	m²	709.98	
1.1.7	内墙	一体化水泥纤维集成化墙板	m²	182	
1.1.8	内墙装饰	乳胶漆	m²	823.05	
1.1.9	吊顶	铝合金方格吊顶	m²	528	
1.2	结构部分				
1.2.1	钢柱	H 型钢	t	19.22	
1.2.2	钢梁	H 型钢	t	36.99	
1.2.3	屋面板面积		m²	528	
1.2.4	基础	C30 钢筋混凝土	m³	195.8	
2		预制舱基础			
2.1	建筑面积		m²	34.16	
2.2	基础	C30 钢筋混凝土	m³	40.57	
3		生产辅助用房			
3.1	建筑部分				
3.1.1	建筑面积		m²	52	
3.1.2	建筑体积		m³	182	
3.1.3	地面面层		m²	42.16	
3.1.3.1	地砖地面		m²	42.16	普通地面
3.1.4	屋面保温	聚苯乙烯隔热保温板	m²	42.16	
3.1.5	屋面防水	高分子卷材和高分子防水涂膜防水屋面	m²	55.64	
3.1.6	外墙（外墙装饰）	一体化水泥纤维集成化墙板	m²	110.4	
3.1.7	内墙	一体化水泥纤维集成化墙板	m²	31.5	
3.1.8	内墙装饰	乳胶漆	m²	149.4	
3.1.9	吊顶	铝合金方格吊顶	m²	42.16	
3.2	结构部分				
3.2.1	钢柱	H 型钢	t	3.65	
3.2.2	钢梁	H 型钢	t	3.23	

序号	建筑工程量名称	型号及规格	单位	数量	备注
3.2.3	屋面板面积		m²	42.16	
3.2.4	基础	C30 钢筋混凝土	m³	10.02	
三		构筑物部分			
1	主变压器构支架及基础				
1.1	构架柱（人字柱）		t	1.46	
1.2	带端撑柱		t	3.16	
1.3	11m 主变压器钢梁		t	2.17	
1.4	钢爬梯等附件		t	0.49	
1.5	中性点基础	C30 钢筋混凝土基础	m³	3.14	
1.6	10kV 母线桥支架		t	2.03	
2	主变压器基础及油坑				
2.1	主变压器基础	C30 钢筋混凝土基础	m³	25.76	
2.2	主变压器油坑		m³	108.07	净空容积
2.3	钢格栅盖板		t	11.76	
3	防火墙	现浇框架，预制墙板	m²	52.2	
4	事故油池	钢筋混凝土	m³	30	有效容积
5	110kV 构支架及基础				
5.1	构架柱		t	24.46	
5.2	钢梁		t	10.65	
5.3	钢爬梯等附件		t	2.89	避雷器、电压互感器
5.4	支架		t	8.96	
5.5	HGIS 基础	C30 钢筋混凝土基础	m³	182	
6	消弧线圈及接地变压器基础	C30 钢筋混凝土基础	m³	61.94	3 组
7	电容器基础	C30 钢筋混凝土基础	m³	19.1	4 组
8	25m 避雷针塔		t	1.27	2 座
四		水工及消防部分			
1	站区室外给水管道	PPR 塑料管 De 25～63mm	m	5	
2	给水井	ϕ1250 圆形混凝土砌块井	座	1	

续表

序号	建筑工程量名称	型号及规格	单位	数量	备注
3	站区室外排水管道	DN300 HDPE 高密度聚乙烯排水管	m	331	
4	站区室外排油管道	$\phi200\times5$ 钢管	m	32	
5	雨水井	混凝土雨水沉井 600mm×700mm×600mm	座	11	
6	检查井	$\phi1000$ 圆形混凝土砌块井	座	16	
7	化粪池	成品环保化粪池	座	1	
8	推车式干粉灭火器	70kg	个	2	
9	手提式干粉灭火器	8kg	个	28	
10	手提式二氧化碳灭火器	7kg	个	12	
11	铝合金消防柜及成品沙箱		个	2	
12	消防桶		套	2	消防服、消防铲等
五		暖通部分			
1	防爆壁轴流风机		台	1	
2	轴流风机		台	8	
3	柜式空调机	3P	台	2	
4	壁挂式防爆空调机	1.5P	台	1	
5	换气扇		台	1	
6	壁挂式电暖气	1kW	组	5	
7	壁挂式电暖气	2kW	组	14	
8	防爆式壁挂式电暖气	2kW	组	1	

4.1.1.7 典型方案预算书

预算投资为静态投资。典型方案 NX-110-B-1（10）预算书包括总预算表、安装部分汇总预算表、建筑部分汇总预算表、其他费用预算表，详见表 4-11~表 4-14。

表 4-11　　　　　　典型方案 NX-110-B-1（10）总预算表　　　金额单位：万元

序号	工程或费用名称	建筑工程费	设备购置费	安装工程费	其他费用	合计	各项占静态投资（%）	单位投资（元/kVA或元/kW）
一	主辅生产工程	821	2154	500		3475	82.13	347.5
（一）	主要生产工程	656	2154	500		3310	78.23	331
（二）	辅助生产工程	165				165	3.9	16.5
二	与站址有关的单项工程	67		30		97	2.29	9.7
	小计	888	2154	530		3572	84.42	357.2
三	其中：编制基准期价差	140		14		154	3.64	15.4
四	其他费用				617	617	14.58	61.7
1	其中：建设场地征用及清理费				68	68		
五	基本预备费				42	42	0.99	4.2
六	特殊项目							
	工程静态投资	888	2154	530	659	4231	100	423.1

表 4-12　　　　典型方案 NX-110-B-1（10）安装部分汇总预算表

金额单位：元

序号	工程或费用名称	设备购置费	安装工程费			合计
			装置性材料	安装	小计	
	安装工程	21541498	1696774	3599740	5296514	26838013
一	主要生产工程	21541498	1696774	3299740	4996514	26538013
1	主变压器系统	5138381	153370	205143	358513	5496894
1.1	110kV 主变压器	5138381	153370	205143	358513	5496894
2	配电装置	9540751	64807	594796	659603	10200354
2.1	屋内配电装置	4093858	47462	229209	276671	4370529
2.1.1	10kV 配电装置	4093858	47462	229209	276671	4370529
2.2	屋外配电装置	5446893	17345	365587	382932	5829825
2.2.1	110kV 配电装置	5446893	17345	365587	382932	5829825
3	无功补偿	511959		76731	76731	588690
3.1	低压电容器	511959		76731	76731	588690
3.1.1	10kV 低压电容器	511959		76731	76731	588690

序号	工程或费用名称	设备购置费	安装工程费			合计
			装置性材料	安装	小计	
4	控制及直流系统	4882021	132999	397899	530898	5412919
4.1	计算机监控系统	1629909		159278	159278	1789187
4.1.1	计算机监控系统	1498999		55444	55444	1554443
4.1.2	智能设备			88555	88555	88555
4.1.3	同步时钟	130910		15279	15279	146189
4.2	继电保护	756358		73501	73501	829859
4.3	直流系统及 UPS	553850	132999	60781	193780	747630
4.4	智能辅助控制系统	1337704		82793	82793	1420496
4.5	在线监测系统	604200		21546	21546	625746
5	站用电系统		36506	33580	70086	70086
5.1	站区照明		36506	33580	70086	70086
6	电缆及接地	60420	1237198	868167	2105365	2165785
6.1	全站电缆	60420	1053115	626133	1679248	1739668
6.1.1	电力电缆		223441	89506	312947	312947
6.1.2	控制电缆	60420	640633	320197	960829	1021249
6.1.3	电缆辅助设施		73843	81744	155587	155587
6.1.4	电缆防火		115197	134687	249885	249885
6.2	全站接地		184083	242034	426117	426117
7	通信及远动系统	1407967	71894	93259	165152	1573120
7.1	通信系统	1070622	68778	74584	143361	1213984
7.2	远动及计费系统	337345	3116	18675	21791	359136
8	全站调试			1030165	1030165	1030165
8.1	分系统调试			250979	250979	250979
8.2	整套启动调试			25894	25894	25894
8.3	特殊调试			753292	753292	753292
三	与站址有关的单项工程			300000	300000	300000
1	站外电源			300000	300000	300000
	合计	21541498	1696774	3599740	5296514	26838013

表 4-13　　典型方案 NX-110-B-1（10）建筑部分汇总预算表

金额单位：元

序号	工程或费用名称	建筑费	设备费	建筑工程费合计
	建筑工程	8740369	139200	8879569
一	主要生产工程	6437358	124500	6561858
1	主要生产建筑	3687450	124500	3811950
1.1	配电室	3574442	124500	3698942
1.1.1	一般土建	3491992		3491992
1.1.2	采暖、通风及空调	35178	85500	120678
1.1.3	照明	47273	39000	86273
1.2	预制舱基础	113008		113008
1.2.1	一般土建	113008		113008
2	配电装置建筑	2725742		2725742
2.1	主变压器系统	608508		608508
2.1.1	构支架及基础	191387		191387
2.1.2	主变压器设备基础	47972		47972
2.1.3	主变压器油坑及卵石	261424		261424
2.1.4	防火墙	48950		48950
2.1.5	30m³ 事故油池	58775		58775
2.2	110kV 构支架及设备基础	1270402		1270402
2.2.1	构架及基础	732021		732021
2.2.2	支架及基础	538381		538381
2.3	接地变压器基础	112095		112095
2.3.1	接地变压器基础	112095		112095
2.4	避雷针塔	33264		33264
2.5	电缆沟道	533553		533553
2.6	电容器基础	167920		167920
3	供水系统	5939		5939
3.1	站区供水管道及设备	1321		1321

序号	工程或费用名称	建筑费	设备费	建筑工程费合计
3.2	给水井	4618		4618
4	消防系统	18227		18227
4.1	消防器材	18227		18227
二	辅助生产工程	1633011	14700	1647711
1	辅助生产建筑	503043	14700	517743
1.1	生产辅助房	503043	14700	517743
1.1.1	一般土建	489245		489245
1.1.2	给排水	3568		3568
1.1.3	采暖、通风及空调	3888	6300	10188
1.1.4	照明	6341	8400	14741
2	站区性建筑	1008689		1008689
2.1	站区道路及广场	185337		185337
2.2	站区排水	315922		315922
2.2.1	雨水井	188493		188493
2.2.2	窨井	15638		15638
2.2.3	化粪池	104412		104412
2.2.4	排水管道	7379		7379
2.3	围墙及大门	507430		507430
3	全站沉降观测点	18581		18581
4	站区投光灯、摄像机、箱式设备基础等	102698		102698
三	与站址有关的单项工程	670000		670000
1	站外道路	320000		320000
1.1	道路路面	320000		320000
2	站外水源	250000		250000
3	站外排水	100000		100000
	合计	8740369	139200	8879569

表 4-14　　　　典型方案 NX-110-B-1（10）其他费用预算表　　　金额单位：元

序号	工程或费用名称	编制依据及计算说明	合计
1	建设场地征用及清理费		677811
2	项目建设管理费		2018328
2.1	项目法人管理费	（建筑工程费＋安装工程费）×3.73%	528768
2.2	招标费	（建筑工程费＋安装工程费）×2.29%	324632
2.3	工程监理费	（建筑工程费＋安装工程费）×6.15%	871829
2.4	设备材料监造费	监造设备购置费×0.87%	136259
2.5	施工过程造价咨询及竣工结算审核费	（建筑工程费＋安装工程费）×0.88%	124750
2.6	工程保险费		32090
2.6.1	工程保险险	（建筑工程费＋安装工程费＋设备购置费）×0.07%	25002
2.6.2	建设工程支付保险	（建筑工程费＋安装工程费）×10%×0.45%	7088
3	项目建设技术服务费		3271268
3.1	项目前期工作费		1142000
3.1.1	可行性研究费用		280000
3.1.2	环境影响评价费用		56000
3.1.3	建设项目规划选址费		105000
3.1.4	水土保持方案编审费用		105000
3.1.5	地质灾害危险性评估费用		70000
3.1.6	地震安全性评价费用		140000
3.1.7	文物调查费用		56000
3.1.8	矿产压覆评估费用		56000
3.1.9	用地预审费用		84000
3.1.10	节能评估费用		35000
3.1.11	社会稳定风险评估费用		70000
3.1.12	使用林地可行性研究费用		35000
3.1.13	土地复垦报告编制费用		50000
3.2	勘察设计费		1505499
3.2.1	勘察费		300000
3.2.2	设计费		1095908

序号	工程或费用名称	编制依据及计算说明	合计
3.2.3	三维设计费	（设计费）×10%	109591
3.3	设计文件评审费		276000
3.3.1	可行性研究文件评审费		60000
3.3.2	初步设计文件评审费		90000
3.3.3	施工图文件评审费		126000
3.4	工程建设检测费		333593
3.4.1	电力工程质量检测费	（建筑工程费＋安装工程费）×0.28%	39693
3.4.2	环境监测及环境保护验收费		113000
3.4.3	水土保持监测及验收费		180900
3.5	电力工程技术经济标准编制费	（建筑工程费＋安装工程费）×0.1%	14176
4	生产准备费		202718
4.1	工器具及办公家具购置费	（建筑工程费＋安装工程费）×1.08%	153102
4.2	生产职工培训及提前进场费	（建筑工程费＋安装工程费）×0.35%	49616
	合计		6170125

4.1.2　子模块

4.1.2.1　子模块主要技术条件

110kV 变电站典型方案 NX－110－B－1 有 6 个子模块，分别为：

增减一台主变压器（50MVA，三绕组）NX－110－B－1（35&10）－ZB；

增减一回 110kV 架空出线 NX－110－B－1－110；

增减一回 35kV 电缆出线 NX－110－B－1－35；

增减一回 10kV 电缆出线 NX－110－B－1－10；

增减一组 10kV 电容器（户外）NX－110－B－1－10C；

增减一台主变压器（50MVA，双绕组）NX－110－B－1（10）－ZB。

典型方案 NX－110－B－1 子模块技术条件详见表 4－15。

表 4-15　　　　　典型方案 NX-110-B-1 子模块技术条件表

序号	子模块名称	子模块技术条件
一	增减一台主变压器（50MVA，三绕组）NX-110-B-1（35&10）-ZB	
1	规模	主变压器：本期 1 组 50MVA 主变压器 间隔：110、35、10kV 三侧进线间隔
2	接线	110kV 采用单母线分段接线 35kV 采用单母线分段接线 10kV 采用单母线分段接线
3	主要设备型式	主变压器：自冷式有载调压变压器 110kV：采用复合式组合电器（HGIS） 35kV：采用成套气体绝缘开关柜，柜中配置真空断路器 10kV：采用移开式成套开关柜，柜中配置真空断路器
4	配电装置型式	110kV：采用户外 HGIS，架空出线 35kV：采用户内气体绝缘高压开关柜排列布置，电缆出线 10kV：采用户内高压开关柜双列布置，电缆出线
二	增减一回 110kV 架空出线 NX-110-B-1-110	
1	规模	110kV 出线 1 回
2	接线	单母线分段
3	主要设备型式	复合式组合电器（HGIS）
4	配电装置型式	户外 HGIS，架空出线
三	增减一回 35kV 电缆出线 NX-110-B-1-35	
1	规模	35kV 出线 1 回
2	接线	单母线分段
3	主要设备型式	采用成套气体绝缘开关柜，柜中配置真空断路器
4	配电装置型式	采用户内气体绝缘高压开关柜双列布置，电缆出线
四	增减一回 10kV 电缆出线 NX-110-B-1-10	
1	规模	10kV 出线 1 回
2	接线	单母线分段
3	主要设备型式	采用移开式成套开关柜，柜中配置真空断路器
4	配电装置型式	采用户内高压开关柜双列布置，电缆出线
五	增减一组 10kV 电容器（户外）NX-110-B-1-10C	
1	规模	10kV 电容器 1 组
2	接线	单母线分段
3	主要设备型式	采用 10kV 户外电容器 3600kvar
4	配电装置型式	采用 10kV 电容器户外成套集合式，制造厂成套，电缆引接

序号	子模块名称	子模块技术条件
六	增减一台主变压器（50MVA，双绕组）NX-110-B-1（10）-ZB	
1	规模	主变压器：本期 1 组 50MVA 主变压器 间隔：110、10kV 两侧进线间隔
2	接线	110kV 单母线分段 10kV 单母线分段
3	主要设备型式	主变压器：自冷式有载调压变压器 110kV：采用复合式组合电器（HGIS） 10kV：采用移开式成套开关柜，柜中配置真空断路器
4	配电装置型式	主变压器：自冷式有载调压变压器 110kV：采用户外 HGIS，架空出线 10kV：采用户内高压开关柜双列布置，电缆出线

4.1.2.2 子模块主要电气设备材料表

典型方案 NX-110-B-1 子模块主要电气设备材料详见表 4-16。

表 4-16　典型方案 NX-110-B-1 子模块主要电气设备材料表

序号	设备（材料）名称	型号及规格	单位	数量	备注
一	增减一台主变压器（50MVA，三绕组）NX-110-B-1（35&10）-ZB				
（一）	一次部分				
1	变压器部分				
1.1	110kV 三相三绕组有载调压变压器	三相三绕组油浸自冷式有载调压 SSZ11-50000/110 电压比：110±8×1.25%/38.5±2×2.5%/10.5kV 接线组别：YNyn0d11 冷却方式：ONAN U_{k1-2}（%）=10.5% U_{k1-3}（%）=17.5% U_{k2-3}（%）=6.5% 中性点：LRB-60200/5A5P/5P 配有载调压分接开关 110kV 套管外绝缘爬电距离不小于 3906mm 中性点套管外绝缘爬电距离不小于 1812mm 35kV 套管外绝缘爬电距离不小于 1256mm 10kV 套管外绝缘爬电距离不小于 372mm	台	1	

序号	设备（材料）名称	型号及规格	单位	数量	备注
1.2	中性点成套装置	成套采购，每套含： 中性点单极隔离开关：GW13－72.5/630（W） 单极隔离开关：GW13－72.5，630A，31.5kA，附电动机构，爬电距离不小于2248mm，1 极，带钢支架 氧化锌避雷器：Y1.5W－72/186W，附运行监测仪，爬电距离不小于2248mm，1 只 中性点电流互感器：200/5A10P30，爬电距离不小于372mm，半球形放电间隙，1 套	套	1	
1.3	10kV 氧化锌式避雷器	YH5WZ－17/45	组	1	
2	110kV 配电装置				
2.1	组合电器	复合组合电气 HGIS 断路器：126kV，1250A，31.5kA，1 台 隔离开关：126kV，3150A，40kA/4S，2 组 电流互感器：2×300/5A，5P30，4 只 电流互感器：2×300/5A，0.2S，4 只 电流互感器：2×300/5A，0.2S，4 只 接地开关：126kV，40kA/3S 出线套管：126kV，3150A，40kA/3S，3 套 智能终端箱：落地式，1 面	套	1	主变压器进线间隔
3	35kV 配电装置				
3.1	35kV 开关柜	断路器柜 气体绝缘式高压开关柜：40.5kV，2500A，31.5kA/4S 三工位隔离开关、真空断路器：40.5kV，2500A，31.5kA，4 组微动开关 电流互感器：1200/5A，5P/5P/0.2S/0.2S 接地开关：JN－40.5，2 组微动开关 带电显示装置：DXN－40.5	面	1	主变压器进线柜
3.2	干式消弧线圈	35kV，1100kVA	台	1	
4	10kV 配电装置				
4.1	10kV 开关柜	断路器柜 金属铠装移开式高压开关柜：12kV，4000A，40kA 真空断路器：12kV，4000A，40kA 电流互感器：4000/5A，5P30/5P30/0.2S/0.2S 带电显示装置：DXN－12	面	1	主变压器进线柜
5	电缆防火				
5.1	防火隔板		m²	10	
5.2	防火涂料		kg	50	

续表

序号	设备（材料）名称	型号及规格	单位	数量	备注
5.3	防火堵料		kg	50	
6	导线及材料				
6.1	钢芯铝绞线	LGJ－300/25	m	100	
6.2	矩形铝母线	LMY－100×10	m	24	
6.3	矩形铜母线	2×（TMY－125×10）	m	48	单片长度
（二）	二次部分				
1	计算机监控系统				
1.1	"五防"锁具	电编码锁、就地挂锁等锁具，1台主变压器三侧锁具	套	1	
2	系统保护及安全自动装置				
2.1	主变压器保护测控柜	每面柜含1套主变压器保护、1套高后备保护测控一体化装置、1套中后备保护测控一体化装置、1套低后备保护测控一体化装置、光纤配线子单元、盘线架等	面	1	
2.2	主变压器本体智能组件柜		面	1	
3	系统调度自动化				
3.1	电能计量				
3.2	数字式电能表	接受电流电压采样值	只	3	
3.3	主变压器电能表及电能量采集柜	含光配单元、盘线架、端子排等辅材，预留1台电能量采集装置、6只数字式电能表安装位置	面	1	
4	过程层设备				
4.1	主变压器高压侧合并单元智能终端集成装置		套	2	双套配置，含在对应GIS间隔内
4.2	主变压器中压侧合并单元智能终端集成装置		套	2	双套配置
4.3	主变压器低压侧合并单元智能终端集成装置		套	2	双套配置
4.4	主变压器本体合并单元		套	2	双套配置

序号	设备（材料）名称	型号及规格	单位	数量	备注
4.5	主变压器本体智能终端	含变压器非电量保护功能	套	1	单套配置
4.6	主变压器本体智能组件柜	包含 1 套本体智能终端（集成非电量保护、主变压器本体测控），及光配单元、盘线架等辅件	面	1	
5	智能辅助控制系统				
5.1	图像监视及安全警卫子系统		套	1	
5.2	一体化快速球形摄像机		只	2	
6	安装材料				
6.1	阻燃控制电缆		m	600	
6.2	光缆	24 芯层绞多模光缆	m	200	
6.3	光纤跳线、尾缆		m	200	
6.4	通信电缆	超五类通信线、屏蔽双绞线等	m	120	
6.5	光纤熔接点		个	150	
6.6	光缆槽盒		m	40	
二	增减一回 110kV 架空出线 NX-110-B-1-110				
（一）	一次部分				
1	110kV 配电装置				
1.1	组合电器	复合组合电气 HGIS 断路器：126kV，3150A，40kA，1 台 隔离开关：126kV，3150A，40kA/4S，2 组 电流互感器：2×600/5A，5P30，3 只 电流互感器：2×600/5A，0.2S，3 只 电流互感器：2×600/5A，0.2S，3 只 接地开关：126kV，40kA/3S，2 组 出线套管：126kV，3150A，40kA/3S，2 套 智能终端箱：落地式，1 面	套	1	架空出线间隔
2	导线及材料				
2.1	钢绞线	LGJ-300	m	50	
3	接地				
3.1	热镀锌扁钢	—60mm×8mm	m	200	
4	电缆辅助设施				
4.1	电缆保护管		m	50	

序号	设备（材料）名称	型号及规格	单位	数量	备注
5	电缆防火				
5.1	防火隔板		m²	8	
5.2	防火涂料		kg	40	
5.3	防火堵料		kg	40	
（二）	二次部分				
6	计算机监控系统				
6.1	"五防"锁具	1回110kV出线间隔电编码锁、就地挂锁等锁具	套	1	
7	系统保护及安全自动装置				
7.1	110kV线路保护测控柜	含1套线路保护测控一体化装置、光纤配线子单元、盘线架等，预留1套线路保护测控一体化装置、2只电能表安装位置	面	1	
8	系统调度自动化				
8.1	电能计量				
8.2	数字式电能表	接收电流电压采样值	只	1	安装110kV线路保护柜内
9	过程层设备				
9.1	110kV线路合并单元智能终端集成装置		台	2	安装110kV智能汇控柜内
10	安装材料				
10.1	阻燃控制电缆		m	160	
10.2	光缆	24芯层绞多模光缆	m	40	
10.3	光纤跳线、尾缆		m	100	
10.4	通信电缆	超五类通信线、屏蔽双绞线等	m	80	
10.5	光纤熔接点		个	60	
10.6	光缆槽盒		m	20	
三	增减一回35kV电缆出线 NX-110-B-1-35				
（一）	一次部分				
1	35kV配电装置				

续表

序号	设备（材料）名称	型号及规格	单位	数量	备注
1.1	35kV 开关柜	断路器柜 气体绝缘式高压开关柜：40.5kV，1250A，31.5kA/4S 三工位隔离开关、真空断路器：40.5kV，1250A，25kA/4S 电流互感器：300～600/5A，5P30/0.5/0.2S 接地开关：JN－40.5，2 组微动开关 避雷器：YH5WZ－51/134 带电显示装置：DXN－40.5	面	1	电缆出线柜
2	接地				
2.1	热镀锌扁钢	—40mm×6mm	m	50	
3	电缆防火				
3.1	防火隔板		m²	1	
3.2	防火涂料		kg	5	
3.3	防火堵料		kg	5	
（二）	二次部分				
4	计算机监控系统				
4.1	"五防"锁具	1 只电编码锁、1 只就地挂锁等锁具	套	1	
5	间隔层设备				
5.1	35kV 线路保护测控计量一体化装置		台	1	就地安装于开关柜
6	安装材料				
6.1	通信电缆	超五类通信线、屏蔽双绞线等	m	30	
四	增减一回 10kV 电缆出线 NX－110－B－1－10				
（一）	一次部分				
1	10kV 配电装置				
1.1	10kV 开关柜	断路器柜 金属铠装移开式高压开关柜：12kV，1250A，31.5kA 真空断路器：12kV，1250A，31.5kA 电流互感器：2×300/5A，5P30/0.5/0.2S 带电显示装置：DXN－12 接地开关：JN－12 零序电流互感器：LXK－φ120－150/5A	面	1	电缆出线柜
2	电缆防火				
2.1	防火隔板		m²	1	

续表

序号	设备（材料）名称	型号及规格	单位	数量	备注
2.2	防火涂料		kg	5	
2.3	防火堵料		kg	5	
（二）	二次部分				
3	计算机监控系统				
3.1	"五防"锁具	1 只电编码锁、1 只就地挂锁等锁具	套	1	
4	闻隔层设备				
4.1	10kV 线路保护测控计量一体化装置		台	1	就地安装于开关柜
5	安装材料				
5.1	通信电缆	超五类通信线、屏蔽双绞线等	m	30	
五	增减一组 10kV 电容器（户外）NX－110－B－1－10C				
（一）	一次部分				
1	无功补偿装置				
1.1	10kV 电容器成套装置	TBB10－3600/200－AKW 框架式并联电容器：单台容量 200kvar FDGE－12/$\sqrt{3}$－4－1W，3 台 放电线圈支架，1 套 CKDK－10－144/0.32－12，3 台 GW4－40.5D/1250A－4，四极（右接地），1 组 HY5WR－17/46，3 只 放电线圈端子箱（悬挂式）：JXW－3，1 面 防护围栏：网孔大小 20mm×20mm，1 套	套	1	
六	增减一台主变压器（50MVA，双绕组）NX－110－B－1（10）－ZB				
（一）	一次部分				
1	变压器部分				
1.1	110kV 三相双绕组有载调压变压器	SZ11－50000/11050000kVA 电压比：110±8×1.25%/10.5kV 接线组别：50/50YNd11 冷却方式：ONAN 短路阻抗：$U_k\%=17$ 附高压侧中性点套管电流互感器 LRB－60－5P20/5P20100－300/5，2 只	台	1	

序号	设备（材料）名称	型号及规格	单位	数量	备注
1.2	中性点成套装置	单极隔离开关：GW13－72.5，1250A，31.5kA，附电动机构，爬电距离不小于1812mm，1极，带钢支架 氧化锌避雷器：Y1.5W－72/186W，附运行监测仪，1只 中性点电流互感器：100－300/5A5P20/5P20，2只 半球形放电间隙，1套	套	1	
1.3	氧化锌式避雷器	YH5WZ－17/45	组	1	
2	110kV 配电装置				
2.1	组合电器	复合组合电气 HGIS 断路器：126kV，1250A，31.5kA，1台 隔离开关：126kV，3150A，40kA/4S，2组 电流互感器：2×300/5A，5P30，4只 电流互感器：2×300/5A，0.2S，4只 电流互感器：2×300/5A，0.2S，4只 接地开关：126kV，40kA/3S 出线套管：126kV，3150A，40kA/3S，3套 智能终端箱：落地式，1面	套	1	主变压器进线间隔
3	10kV 配电装置				
3.1	10kV 开关柜	断路器柜 金属铠装移开式高压开关柜 手车、真空断路器：12kV，4000A，40kA 电流互感器：4000/5A，5P30/5P30/0.2/0.2S 带电显示装置：DXN－12 接地开关：JN－12	面	1	主变压器进线柜
4	导线及材料				
4.1	钢芯铝绞线	JL/GIA－300/25	m	40	
4.2	矩形铜母线	2×（TMY－125×10）	m	80	
5	电缆防火				
5.1	防火隔板		m²	10	
5.2	防火涂料		kg	50	
5.3	防火堵料		kg	50	
（二）	二次部分				
6	计算机监控系统				
6.1	"五防"锁具	电编码锁、就地挂锁等锁具，数量满足本期规模 电脑钥匙2把，带充电座	套	1	

续表

序号	设备（材料）名称	型号及规格	单位	数量	备注
7	系统保护及安全自动装置				
7.1	1 号主变压器保护测控柜	含 1 套主变压器保护、1 套高后备保护测控一体化装置、1 套低后备保护测控一体化装置、光纤配线子单元、盘线架等	面	1	
8	系统调度自动化				
8.1	主变压器电能表及电能量采集柜	含光配单元、盘线架、端子排等辅材，预留 1 台电能量采集装置、6 只数字式电能表安装位置	面	1	
8.2	数字式电能表	接收电流电压采样值	只	2	
9	过程层设备				
9.1	主变压器高压侧合并单元智能终端集成装置		套	2	双套配置，含在对应 GIS 间隔内
9.2	主变压器低压侧合并单元智能终端集成装置		套	2	双套配置
9.3	主变压器本体合并单元		套	2	双套配置
9.4	主变压器本体智能终端	含变压器非电量保护功能	套	1	单套配置
9.5	主变压器本体智能组件柜	包含 1 套本体智能终端（集成非电量保护、主变压器本体测控），及光配单元、盘线架等辅件	面	1	
10	智能辅助控制系统				
10.1	图像监视及安全警卫子系统		套	1	
10.2	一体化快速球形摄像机		只	2	
11	安装材料				
11.1	阻燃控制电缆	包含直流电缆、主变压器电缆	m	600	
11.2	光缆	24 芯层绞多模光缆	m	250	
11.3	光纤跳线、尾缆		m	200	
11.4	通信电缆	超五类通信线、屏蔽双绞线等	m	150	
11.5	光纤熔接点		个	150	
11.6	光缆槽盒		m	10	

4.1.2.3 子模块建筑工程量表

典型方案 NX–110–B–1 子模块建筑工程量详见表 4–17。其中增减一回 35kV 电缆出线、增减一回 10kV 电缆出线 2 个子模块不考虑建筑工程量。

表 4–17　　　　典型方案 NX–110–B–1 子模块建筑工程量表

编号	名称	规格	单位	数量	备注
一	增减一台主变压器（50MVA，三绕组）NX–110–B–1（35&10）–ZB				
1	主变压器基础及油坑				
1.1	主变压器基础	C30 钢筋混凝土基础	m³	12.88	
1.2	主变压器油坑		m³	54.036	净空容积
2	主变压器构支架及基础				
2.1	构架柱（人字柱）		t	2.3	
2.2	10m 主变压器钢梁		t	0.723	
2.3	钢爬梯		t	0.355	
2.4	中性点支架		t	1.00	
2.5	母线桥支架		t	0.40	
2.6	镀锌钢管	DN100	m	50	
3	110kV 构支架及设备基础				
3.1	设备支架		t	4.482	
3.2	HGIS 基础	C30 钢筋混凝土基础	m³	91	
二	增减一回 110kV 架空出线 NX–110–B–1–110				
1	设备支架		t	4.482	
2	HGIS 基础	C30 钢筋混凝土基础	m³	91	
三	增减一组 10kV 电容器（户外）NX–110–B–1–10C				
1	电容器基础	C30 钢筋混凝土基础	组	1.00	
2	电抗器基础	C30 钢筋混凝土基础	组	1.00	
3	隔离开关基础	C30 钢筋混凝土基础	组	1.00	
4	围栏		组	1.00	
四	增减一台主变压器（50MVA，双绕组）NX–110–B–1（10）–ZB				
1	主变压器基础及油坑				

续表

编号	名称	规格	单位	数量	备注
1.1	主变压器基础	C30 钢筋混凝土基础	m³	12.88	
1.2	主变压器油坑		m³	54.036	净空容积
2	主变压器构支架及基础				
2.1	构架柱（人字柱）		t	1.537	
2.2	10m 主变压器钢梁		t	0.723	
2.3	钢爬梯		t	0.355	
2.4	中性点支架		t	1.00	
2.5	母线桥支架		t	0.20	
2.6	镀锌钢管	DN100	m	50	
3	110kV 构支架及设备基础				
3.1	设备支架		t	4.482	
3.2	HGIS 基础	C30 钢筋混凝土基础	m³	91	

4.1.2.4　子模块预算书

典型方案 NX－110－B－1 子模块总预算表、安装部分汇总预算表、建筑部分汇总预算表、其他费用预算表分别见表 4－18～表 4－39。

表 4－18　　　子模块 NX－110－B－1（35&10）－ZB 总预算表

金额单位：万元

序号	工程或费用名称	建筑工程费	设备购置费	安装工程费	其他费用	合计	各项占静态投资（%）	单位投资（元/kVA 或元/kW）
一	主辅生产工程	61	504	66		631	91.32	
（一）	主要生产工程	61	504	66		631	91.32	
（二）	辅助生产工程							
二	与站址有关的单项工程							
	小计	61	504	66		631	91.32	
三	其中：编制基准期价差	14		2		16	2.32	
四	其他费用				53	53	7.67	

81

续表

序号	工程或费用名称	建筑工程费	设备购置费	安装工程费	其他费用	合计	各项占静态投资（%）	单位投资（元/kVA 或元/kW）
1	其中：建设场地征用及清理费							
五	基本预备费				7	7	1.01	
六	特殊项目							
	工程静态投资	61	504	66	60	691	100	

表 4-19 子模块 NX-110-B-1（35&10）-ZB 安装部分汇总预算表

金额单位：元

序号	工程或费用名称	设备购置费	安装工程费			合计
			装置性材料	安装	小计	
	安装工程	5035676	130999	527955	658954	5694630
一	主要生产工程	5035676	130999	527955	658954	5694630
1	主变压器系统	3295479	95567	188604	284172	3579651
1.1	110kV 主变压器	3295479	95567	188604	284172	3579651
2	配电装置	1378684		34916	34916	1413600
2.1	屋内配电装置	1378684		34916	34916	1413600
2.1.1	110kV 配电装置	720609		22493	22493	743102
2.1.2	35kV 配电装置	446403		8588	8588	454991
2.1.3	10kV 配电装置	211671		3836	3836	215507
3	控制及直流系统	274911		44509	44509	319420
3.1	计算机监控系统	53371		33561	33561	86932
3.1.1	计算机监控系统	3021		109	109	3130
3.1.2	智能设备	50350		33452	33452	83802
3.2	继电保护	120840		10948	10948	131788
3.3	智能辅助控制系统	100700				100700
4	电缆及接地		35431	29256	64687	64687
4.1	全站电缆		34488	27043	61531	61531
4.1.1	控制电缆		32178	21561	53739	53739
4.1.2	电缆防火		2309	5483	7792	7792

续表

序号	工程或费用名称	设备购置费	安装工程费			合计
			装置性材料	安装	小计	
4.2	全站接地		944	2213	3157	3157
5	通信及远动系统	86602		3899	3899	90501
5.1	远动及计费系统	86602		3899	3899	90501
6	全站调试			226771	226771	226771
6.1	分系统调试			49189	49189	49189
6.2	整套启动调试			12710	12710	12710
6.3	特殊调试			164873	164873	164873
	合计	5035676	130999	527955	658954	5694630

表4-20 子模块 NX-110-B-1（35&10）-ZB 建筑部分汇总预算表

金额单位：元

序号	工程或费用名称	建筑费	设备费	建筑工程费合计
	建筑工程	611753		611753
一	主要生产工程	611753		611753
1	配电装置建筑	611753		611753
1.1	主变压器系统	319142		319142
1.1.1	构支架及基础	96441		96441
1.1.2	主变压器设备基础	27345		27345
1.1.3	主变压器油坑及卵石	195356		195356
1.2	110kV 构支架及设备基础	292611		292611
1.2.1	支架及基础	292611		292611
	合计	611753		611753

表4-21 子模块 NX-110-B-1（35&10）-ZB 其他费用预算表

金额单位：元

序号	工程或费用名称	编制依据及计算说明	合计
1	项目建设管理费		200596
1.1	项目法人管理费	（建筑工程费＋安装工程费）×3.36%	42696
1.2	招标费	（建筑工程费＋安装工程费）×2.29%	29099

序号	工程或费用名称	编制依据及计算说明	合计
1.3	工程监理费	（建筑工程费+安装工程费）×6.15%	78149
1.4	设备材料监造费	监造设备购置费×0.87%	34421
1.5	施工过程造价咨询及竣工结算审核费	（建筑工程费+安装工程费）×0.88%	11182
1.6	工程保险费		5050
1.6.1	安装工程一切险	（建筑工程费+安装工程费+设备购置费）×0.07%	4414
1.6.2	建设工程合同款支付保险	（建筑工程费+安装工程费）×10%×0.45%	635
2	项目建设技术服务费		310654
2.1	项目前期工作费	（建筑工程费+安装工程费）×2.97%	37740
2.2	勘察设计费		271643
2.2.1	设计费		246948
2.2.2	三维设计费	设计费×10%	24695
2.3	电力工程技术经济标准编制费	（建筑工程费+安装工程费）×0.1%	1271
3	生产准备费		18934
3.1	工器具及办公家具购置费	（建筑工程费+安装工程费）×1.14%	14486
3.2	生产职工培训及提前进场费	（建筑工程费+安装工程费）×0.35%	4447
	合计		530183

表 4-22　　　子模块 NX-110-B-1-110 总预算表　　　金额单位：万元

序号	工程或费用名称	建筑工程费	设备购置费	安装工程费	其他费用	合计	各项占静态投资（%）	单位投资（元/kVA）
一	主辅生产工程	30	83	21		134	87.01	
（一）	主要生产工程	30	83	21		134	87.01	
（二）	辅助生产工程							
二	与站址有关的单项工程							
	小计	30	83	21		134	87.01	
三	其中：编制基准期价差	5		1		6	3.9	
四	其他费用				18	18	11.69	
1	其中：建设场地征用及清理费							

续表

序号	工程或费用名称	建筑工程费	设备购置费	安装工程费	其他费用	合计	各项占静态投资（%）	单位投资（元/kVA）
五	基本预备费				2	2	1.3	
六	特殊项目							
	工程静态投资	30	83	21	20	154	100	

表4-23　　　　子模块NX-110-B-1-110安装部分汇总预算表

金额单位：元

序号	工程或费用名称	设备购置费	安装工程费			合计
			装置性材料	安装	小计	
	安装工程	828358	25006	189789	214795	1043153
一	主要生产工程	828358	25006	189789	214795	1043153
1	配电装置	720609	2436	24464	26900	747509
1.1	屋内配电装置	720609	2436	24464	26900	747509
1.1.1	110kV配电装置	720609	2436	24464	26900	747509
2	控制及直流系统	103721		15679	15679	119400
2.1	计算机监控系统	3021		4145	4145	7166
2.1.1	计算机监控系统	3021		116	116	3137
2.1.2	智能设备			4029	4029	4029
2.2	继电保护	100700		11534	11534	112234
3	电缆及接地		22570	34954	57523	57523
3.1	全站电缆		16725	15238	31962	31962
3.1.1	控制电缆		12431	8312	20743	20743
3.1.2	电缆辅助设施		2570	481	3052	3052
3.1.3	电缆防火		1723	6444	8168	8168
3.2	全站接地		5845	19716	25561	25561
4	通信及远动系统	4028		161	161	4189
4.1	远动及计费系统	4028		161	161	4189
5	全站调试			114531	114531	114531
5.1	分系统调试			14775	14775	14775

序号	工程或费用名称	设备购置费	安装工程费			合计
			装置性材料	安装	小计	
5.2	整套启动调试			8616	8616	8616
5.3	特殊调试			91140	91140	91140
	合计	828358	25006	189789	214795	1043153

表 4-24　子模块 NX-110-B-1-110 建筑部分汇总预算表

金额单位：元

序号	工程或费用名称	建筑费	设备费	建筑工程费合计
	建筑工程	300669		300669
一	主要生产工程	300669		300669
1	配电装置建筑	300669		300669
1.1	110kV 构支架及设备基础	300669		300669
1.1.1	支架及基础	300669		300669
	合计	300669		300669

表 4-25　子模块 NX-110-B-1-110 其他费用预算表　　金额单位：元

序号	工程或费用名称	编制依据及计算说明	合计
1	项目建设管理费		72829
1.1	项目法人管理费	（建筑工程费＋安装工程费）×3.36%	17320
1.2	招标费	（建筑工程费＋安装工程费）×2.29%	11804
1.3	工程监理费	（建筑工程费＋安装工程费）×6.15%	31701
1.4	设备材料监造费	监造设备购置费×0.87%	6269
1.5	施工过程造价咨询及竣工结算审核费	（建筑工程费＋安装工程费）×0.88%	4536
1.6	工程保险费		1198
1.6.1	安装工程一切险	（建筑工程费＋安装工程费＋设备购置费）×0.07%	941
1.6.2	建设工程合同款支付保险	（建筑工程费＋安装工程费）×10%×0.45%	258
2	项目建设技术服务费		95887
2.1	项目前期工作费	（建筑工程费＋安装工程费）×2.97%	15309
2.2	勘察设计费		80062

续表

序号	工程或费用名称	编制依据及计算说明	合计
2.2.1	设计费		72784
2.2.2	三维设计费	设计费×10%	7278
2.3	电力工程技术经济标准编制费	（建筑工程费＋安装工程费）×0.1%	515
3	生产准备费		7680
3.1	工器具及办公家具购置费	（建筑工程费＋安装工程费）×1.14%	5876
3.2	生产职工培训及提前进场费	（建筑工程费＋安装工程费）×0.35%	1804
	合计		176396

表4-26　　　　子模块 NX-110-B-1-35 总预算表　　金额单位：万元

序号	工程或费用名称	建筑工程费	设备购置费	安装工程费	其他费用	合计	各项占静态投资（%）	单位投资（元/kVA）
一	主辅生产工程		34	6		40	90.91	
1	主要生产工程		34	6		40	90.91	
2	辅助生产工程							
二	与站址有关的单项工程							
	小计		34	6		40	90.91	
三	其中：编制基准期价差							
四	其他费用				4	4	9.09	
1	其中：建设场地征用及清理费							
五	基本预备费							
六	特殊项目							
	工程静态投资		34	6	4	44	100	

表4-27　　　子模块 NX-110-B-1-35 安装部分汇总预算表

金额单位：元

序号	工程或费用名称	设备购置费	安装工程费			合计
			装置性材料	安装	小计	
	安装工程	339560	8346	50128	58474	398034
一	主要生产工程	339560	8346	50128	58474	398034

续表

序号	工程或费用名称	设备购置费	安装工程费			合计
			装置性材料	安装	小计	
1	配电装置	296259	1608	9658	11266	307526
1.1	屋内配电装置	296259	1608	9658	11266	307526
1.1.1	35kV 配电装置	296259	1608	9658	11266	307526
2	控制及直流系统	43301		3847	3847	47148
2.1	计算机监控系统	3021		116	116	3137
2.1.1	计算机监控系统	3021		116	116	3137
2.2	继电保护	40280		3731	3731	44011
3	电缆及接地		6738	8545	15282	15282
3.1	全站电缆		2587	3568	6155	6155
3.1.1	控制电缆		1492	445	1937	1937
3.1.2	电缆防火		1094	3123	4218	4218
3.2	全站接地		4151	4976	9127	9127
4	全站调试			28079	28079	28079
4.1	分系统调试			11284	11284	11284
4.2	整套启动调试			8616	8616	8616
4.3	特殊调试			8179	8179	8179
	合计	339560	8346	50128	58474	398034

表 4-28　　　　子模块 NX-110-B-1-35 其他费用预算表　　　金额单位：元

序号	工程或费用名称	编制依据及计算说明	合计
1	项目建设管理费		10208
1.1	项目法人管理费	（建筑工程费＋安装工程费）×3.36%	1965
1.2	招标费	（建筑工程费＋安装工程费）×2.29%	1339
1.3	工程监理费	（建筑工程费＋安装工程费）×6.15%	3596
1.4	施工过程造价咨询及竣工结算审核费	（建筑工程费＋安装工程费）×0.88%	3000
1.5	工程保险费		308
1.5.1	安装工程一切险	（建筑工程费＋安装工程费＋设备购置费）×0.07%	279

续表

序号	工程或费用名称	编制依据及计算说明	合计
1.5.2	建设工程合同款支付保险	（建筑工程费＋安装工程费）×10%×0.45%	29
2	项目建设技术服务费		25509
2.1	项目前期工作费	（建筑工程费＋安装工程费）×2.97%	1737
2.2	勘察设计费		23714
2.2.1	设计费		21558
2.2.2	三维设计费	设计费×10%	2156
2.3	电力工程技术经济标准编制费	（建筑工程费＋安装工程费）×0.1%	58
3	生产准备费		871
3.1	工器具及办公家具购置费	（建筑工程费＋安装工程费）×1.14%	667
3.2	生产职工培训及提前进场费	（建筑工程费＋安装工程费）×0.35%	205
	合计		36588

表4-29　　　　子模块 NX-110-B-1-10 总预算表　　　金额单位：万元

序号	工程或费用名称	建筑工程费	设备购置费	安装工程费	其他费用	合计	各项占静态投资（%）	单位投资（元/kVA）
一	主辅生产工程		9	3		12	85.71	
1	主要生产工程		9	3		12	85.71	
2	辅助生产工程							
二	与站址有关的单项工程							
	小计		9	3		12	85.71	
三	其中：编制基准期价差							
四	其他费用				2	2	14.29	
1	其中：建设场地征用及清理费							
五	基本预备费							
六	特殊项目							
	工程静态投资		9	3	2	14	100	

表 4-30　　　　子模块 NX-110-B-1-10 安装部分汇总预算表

金额单位：元

序号	工程或费用名称	设备购置费	安装工程费			合计
			装置性材料	安装	小计	
	安装工程	94457	5518	29185	34703	129159
一	主要生产工程	94457	5518	29185	34703	129159
1	配电装置	71296	4021	5693	9713	81009
1.1	屋内配电装置	71296	4021	5693	9713	81009
1.1.1	10kV 配电装置	71296	4021	5693	9713	81009
2	控制及直流系统	23161		2021	2021	25182
2.1	计算机监控系统	3021		116	116	3137
2.1.1	计算机监控系统	3021		116	116	3137
2.2	继电保护	20140		1905	1905	22045
3	电缆及接地		1497	3333	4830	4830
3.1	全站电缆		1497	3333	4830	4830
3.1.1	控制电缆		418	213	631	631
3.1.2	电缆防火		1079	3120	4199	4199
4	全站调试			18138	18138	18138
4.1	分系统调试			9522	9522	9522
4.2	整套启动调试			8616	8616	8616
	合计	94457	5518	29185	34703	129159

表 4-31　　　　子模块 NX-110-B-1-10 其他费用预算表　　　　金额单位：元

序号	工程或费用名称	编制依据及计算说明	合计
1	项目建设管理费		7823
1.1	项目法人管理费	（建筑工程费＋安装工程费）×3.36%	1166
1.2	招标费	（建筑工程费＋安装工程费）×2.29%	795
1.3	工程监理费	（建筑工程费＋安装工程费）×6.15%	2134
1.4	设备材料监造费	监造设备购置费×0.87%	620
1.5	施工过程造价咨询及竣工结算审核费	（建筑工程费＋安装工程费）×0.88%	3000
1.6	工程保险费		108

序号	工程或费用名称	编制依据及计算说明	合计
1.6.1	安装工程一切险	（建筑工程费＋安装工程费＋设备购置费）×0.07%	90
1.6.2	建设工程合同款支付保险	（建筑工程费＋安装工程费）×10%×0.45%	17
2	项目建设技术服务费		8760
2.1	项目前期工作费	（建筑工程费＋安装工程费）×2.97%	1031
2.2	勘察设计费		7695
2.2.1	设计费		6996
2.2.2	三维设计费	设计费×10%	700
2.3	电力工程技术经济标准编制费	（建筑工程费＋安装工程费）×0.1%	35
3	生产准备费		517
3.1	工器具及办公家具购置费	（建筑工程费＋安装工程费）×1.14%	396
3.2	生产职工培训及提前进场费	（建筑工程费＋安装工程费）×0.35%	121
	合计		17100

表 4－32　　　　　**子模块 NX－110－B－1－10C 总预算表**　　　　金额单位：万元

序号	工程或费用名称	建筑工程费	设备购置费	安装工程费	其他费用	合计	各项占静态投资（%）	单位投资（元/kVA）
一	主辅生产工程	3	25	17		45	86.54	
1	主要生产工程	3	25	17		45	86.54	
2	辅助生产工程							
二	与站址有关的单项工程							
	小计	3	25	17		45	86.54	
三	其中：编制基准期价差							
四	其他费用				6	6	11.54	
1	其中：建设场地征用及清理费							
五	基本预备费					1	1	1.92
六	特殊项目							
	工程静态投资	3	25	17	7	52	100	

表 4-33　　　子模块 NX-110-B-1-10C 安装部分汇总预算表

金额单位：元

序号	工程或费用名称	设备购置费	安装工程费			合计
			装置性材料	安装	小计	
	安装工程	245003	77800	92065	169865	414868
一	主要生产工程	245003	77800	92065	169865	414868
1	配电装置	74115		4009	4009	78125
1.1	屋内配电装置	74115		4009	4009	78125
1.1.1	10kV 配电装置	74115		4009	4009	78125
2	无功补偿	117517	70182	32158	102340	219857
2.1	低压电容器	117517	70182	32158	102340	219857
2.1.1	10kV 低压电容器	117517	70182	32158	102340	219857
3	控制及直流系统	53371		221	221	53592
3.1	计算机监控系统	3021		116	116	3137
3.1.1	计算机监控系统	3021		116	116	3137
3.2	继电保护	50350		105	105	50455
4	电缆及接地		7618	9163	16782	16782
4.1	全站电缆		7618	9163	16782	16782
4.1.1	控制电缆		5967	5175	11142	11142
4.1.2	电缆防火		1651	3988	5639	5639
5	全站调试			46514	46514	46514
5.1	分系统调试			8956	8956	8956
5.2	整套启动调试			8616	8616	8616
5.3	特殊调试			28942	28942	28942
	合计	245003	77800	92065	169865	414868

表 4-34　　　子模块 NX-110-B-1-10C 建筑部分汇总预算表

金额单位：元

序号	工程或费用名称	建筑费	设备费	建筑工程费合计
	建筑工程	32775		32775
一	主要生产工程	32775		32775

序号	工程或费用名称	建筑费	设备费	建筑工程费合计
1	配电装置建筑	32775		32775
1.1	电容器基础	32775		32775
	合计	32775		32775

表4-35　　子模块 NX-110-B-1-10C 其他费用预算表

金额单位：元

序号	工程或费用名称	编制依据及计算说明	合计
1	项目建设管理费		28349
1.1	项目法人管理费	（建筑工程费＋安装工程费）×3.36%	6809
1.2	招标费	（建筑工程费＋安装工程费）×2.29%	4640
1.3	工程监理费	（建筑工程费＋安装工程费）×6.15%	12462
1.4	设备材料监造费	监造设备购置费×0.87%	1022
1.5	施工过程造价咨询及竣工结算审核费	（建筑工程费＋安装工程费）×0.88%	3000
1.6	工程保险费		415
1.6.1	安装工程一切险	（建筑工程费＋安装工程费＋设备购置费）×0.07%	313
1.6.2	建设工程合同款支付保险	（建筑工程费＋安装工程费）×10%×0.45%	101
2	项目建设技术服务费		32891
2.1	项目前期工作费	（建筑工程费＋安装工程费）×2.97%	6018
2.2	勘察设计费		26670
2.2.1	设计费		24245
2.2.2	三维设计费	设计费×10%	2425
2.3	电力工程技术经济标准编制费	（建筑工程费＋安装工程费）×0.1%	203
3	生产准备费		3019
3.1	工器具及办公家具购置费	（建筑工程费＋安装工程费）×1.14%	2310
3.2	生产职工培训及提前进场费	（建筑工程费＋安装工程费）×0.35%	709
	合计		64259

表 4-36　　　　　子模块 NX-110-B-1（10）-ZB 总预算表

金额单位：万元

序号	工程或费用名称	建筑工程费	设备购置费	安装工程费	其他费用	合计	各项占静态投资（%）	单位投资（元/kVA）
一	主辅生产工程	60	385	50		495	90.83	
1	主要生产工程	60	385	50		495	90.83	
2	辅助生产工程							
二	与站址有关的单项工程							
	小计	60	385	50		495	90.83	
三	其中：编制基准期价差	14		1		15	2.75	
四	其他费用				45	45	8.26	
1	其中：建设场地征用及清理费							
五	基本预备费				5	5	0.92	
六	特殊项目							
	工程静态投资	60	385	50	50	545	100	

表 4-37　　　子模块 NX-110-B-1（10）-ZB 安装部分汇总预算表

金额单位：元

序号	工程或费用名称	设备购置费	安装工程费			合计
			装置性材料	安装	小计	
	安装工程	3848910	111430	392207	503638	4352548
一	主要生产工程	3848910	111430	392207	503638	4352548
1	主变压器系统	2557130	81301	118798	200099	2757230
1.1	110kV 主变压器	2557130	81301	118798	200099	2757230
2	配电装置	932281		26328	26328	958609
2.1	屋内配电装置	932281		26328	26328	958609
2.2.1	110kV 配电装置	720609		22493	22493	743102
2.2.2	10kV 配电装置	211671		3836	3836	215507
3	控制及直流系统	274911		36746	36746	311657
3.1	计算机监控系统	53371		25799	25799	79170
3.1.1	计算机监控系统	3021		109	109	3130

续表

序号	工程或费用名称	设备购置费	安装工程费			合计
			装置性材料	安装	小计	
3.1.2	智能设备	50350		25689	25689	76039
3.2	继电保护	120840		10948	10948	131788
3.3	智能辅助控制系统	100700				100700
4	电缆及接地		30129	25301	55430	55430
4.1	全站电缆		29185	23088	52273	52273
4.1.1	控制电缆		26753	17682	44435	44435
4.1.2	电缆防火		2432	5406	7838	7838
4.2	全站接地		944	2213	3157	3157
5	通信及远动系统	84588		3823	3823	88411
5.1	远动及计费系统	84588		3823	3823	88411
6	全站调试			181210	181210	181210
6.1	分系统调试			49189	49189	49189
6.2	整套启动调试			12710	12710	12710
6.3	特殊调试			119312	119312	119312
	合计	3848910	111430	392207	503638	4352548

表 4-38　子模块 NX-110-B-1（10）-ZB 建筑部分汇总预算表

金额单位：元

序号	工程或费用名称	建筑费	设备费	建筑工程费合计
	建筑工程	603830		603830
一	主要生产工程	603830		603830
1	配电装置建筑	603830		603830
1.1	主变压器系统	315283		315283
1.1.1	构支架及基础	91646		91646
1.1.2	主变压器设备基础	27385		27385
1.1.3	主变压器油坑及卵石	196252		196252
1.2	110kV 构支架及设备基础	288547		288547
1.2.1	支架及基础	288547		288547
	合计	603830		603830

表 4-39 　　子模块 NX-110-B-1（10）-ZB 其他费用预算表

金额单位：元

序号	工程或费用名称	编制依据及计算说明	合计
1	项目建设管理费		174289
1.1	项目法人管理费	（建筑工程费＋安装工程费）×3.36%	37211
1.2	招标费	（建筑工程费＋安装工程费）×2.29%	25361
1.3	工程监理费	（建筑工程费＋安装工程费）×6.15%	68109
1.4	设备材料监造费	监造设备购置费×0.87%	29838
1.5	施工过程造价咨询及竣工结算审核费	（建筑工程费＋安装工程费）×0.88%	9746
1.6	工程保险费		4023
1.6.1	安装工程一切险	（建筑工程费＋安装工程费＋设备购置费）×0.07%	3469
1.6.2	建设工程合同款支付保险	（建筑工程费＋安装工程费）×10%×0.45%	554
2	项目建设技术服务费		257839
2.1	项目前期工作费	（建筑工程费＋安装工程费）×2.97%	32892
2.2	勘察设计费		223840
2.2.1	设计费		203491
2.2.2	三维设计费	设计费×10%	20349
2.3	电力工程技术经济标准编制费	（建筑工程费＋安装工程费）×0.1%	1107
3	生产准备费		16501
3.1	工器具及办公家具购置费	（建筑工程费＋安装工程费）×1.14%	12625
3.2	生产职工培训及提前进场费	（建筑工程费＋安装工程费）×0.35%	3876
	合计		448629

4.2　典型方案 NX-110-A2-6 典型造价

4.2.1　典型方案

通用设计基本方案 NX-110-A2-6 主变压器规模为 2 台 50MVA 三相双绕组变压器，110kV 采用户内 GIS 设备，10kV 采用户内移开式开关柜，主变压器户内布置。

4.2.1.1　典型方案主要技术条件

对 110kV 变电站 NX－110－A2－6 方案整体设计的主要技术条件进行了详细说明,内容包括变电站电气设备安装工程、建筑工程,具体内容详见表 4－40。

表 4－40　　　　　典型方案 NX－110－A2－6 技术条件表

序号	项目名称	工程主要技术条件
1	主变压器	2×50MVA 三相双绕组变压器
2	出线规模	110kV 本期 2 回,远期 4 回,电缆出线 10kV 本期 24 回,远期 36 回,电缆出线
3	电气主接线	110kV 采用单母线分段接线 10kV 采用单母线分段接线
4	无功补偿	每台变压器配置 10kV 电容器 2 组,容量为(3.6+4.8)Mvar
5	短路电流	110kV 短路电流:40kA 10kV 短路电流:31.5/40kA
6	主要设备选型	主变压器:户内、一体式三相、油浸自冷式、有载调压、双绕组 110kV:采用户内 GIS 10kV:采用户内配电装置成套开关柜,真空式断路器 10kV 电容器:采用框架式电容器补偿装置
7	电气总平面及配电装置	主变压器:户内布置 110kV:采用 GIS 落地式布置,配电装置按 40kA 短路电流水平设计 10kV:采用户内开关柜双列布置
8	监控系统	按无人值守设计,采用计算机监控系统,监控和远动统一考虑
9	模块化二次设备	二次设备模块化布置,全站设 1 个二次设备室、1 个直流电源室,含站控层设备模块、公用设备模块、通信设备模块、直流电源系统模块、主变压器间隔层设备模块,采用预制式智能控制柜,110kV 过程层设备按间隔配置,分散布置于就地预制式智能控制柜内
10	建筑部分	围墙内占地面积 0.3560hm²,总建筑面积 1150m²,设配电装置室、生产辅助用房、消防水泵房,采用装配式钢框架结构,室内外设置消火栓并配置移动式化学灭火装置
11	站址基本条件	海拔 1000～2000m,设计基本地震加速度按 0.20g 考虑,重现期 50 年的设计基本风速 $v_0 = 30\text{m/s}$,天然地基,地基承载力特征值 $f_{ak} = 150\text{kPa}$,无地下水影响,假设场地为同一标高

4.2.1.2　典型方案主要电气设备材料表

电气设备材料表划分为电气一次、电气二次两部分。

电气一次部分包括主变压器系统、各电压等级配电装置、无功补偿装置、站用电系统、电缆及附件、接地各部分。其中,主变压器系统主要包括与主变压器相连到构架前的部分设备;站用电系统中,将动力配电箱、检修箱、照明配电箱、户外照明灯具、照明电缆归入本项内;电缆及附件部分包括二次控制电缆及 1kV 电力电缆、站用电高压电力电缆、电缆支架、防火材料等;接地部分包括主接地网、接地引下线、垂直接地极等。

电气二次部分包括计算机监控系统、系统保护及安全自动装置、系统调度自动化、过程层设备、一体化电源设备、智能辅助控制系统、时间同步系统各部分。

典型方案 NX－110－A2－6 主要电气设备材料详见表 4－41。

表 4-41　　　典型方案 NX－110－A2－6 主要电气设备材料表

序号	设备名称	型号规格	单位	数量	备注
一	一次设备部分				
1	主变压器部分				
1.1	110kV 三相双绕组有载调压变压器	型式:户内、一体式三相、油浸自冷式、有载调压、双绕组 设备型号:SZ－50000/110 电压比:110±8×1.25%/10.5kV 联结组别:YNd11 额定容量:63/63MVA 阻抗电压:$U_k(\%)=17\%$ 冷却方式:ONAN 附高压侧 110kV 套管 TA LRB－110－400/5A,2 只 附高压侧中性点 66kV 套管 TA LRB－60－100～300/5A 2 只 110kV 侧套管爬电距离不小于 3906mm 10kV 侧套管爬电距离不小于 372mm	台	2	
1.2	中性点成套装置	成套采购,每套包含: 主变压器中性点隔离开关 额定电压:72.5kV,额定电流:630A 动稳定电流峰值:80kA 4s 热稳定电流:31.5kA 带钢支架 氧化锌避雷器:Y1.5W－72/186W 附放电计数器(含指示泄漏电流功能),1 只 电流互感器:10kV 户外干式电流互感器 10P20/10P20 100/5A,1 只 放电间隙:球型间隙,1 套	套	2	

序号	设备名称	型号规格	单位	数量	备注
1.3	10kV 氧化锌避雷器	硅橡胶 型号：YH5WZ-17/45 额定电压：17kV 标称放电电流：5kA 5kA 雷电冲击电流残压：45kV 带放电计数器（含指示泄漏电流功能）	组	1	
1.4	支柱绝缘子	型号：ZS-20/12.5（大小伞防污型） 额定电压：20kV	只	38	
1.5	110kV 高压电力电缆	3×（ZRC-YJLW03-64/110-1×400）	m	510	主变压器 110kV 侧进线（1 号 240m、2 号 270m）单根长度
1.6	110kV 户内单相电缆终端	与 ZRC-YJLW03-64/110-1×400 配套；带双孔铜接线鼻子	套	6	主变压器侧
1.7	110kV 户内 GIS 单相电缆终端	与 ZRC-YJLW03-64/110-1×400 配套；带双孔铜接线鼻子	套	6	GIS 侧
1.8	矩形铜母线	3×（TMY-125×10）	m	215	主变压器 10kV 侧进线（1 号 135m、2 号 80m）单根长度
1.9	母线绝缘护套	与 3×（TMY-125×10）尺寸配套	m	215	
2	110kV 配电装置部分				
2.1	110kV GIS 组合电器	型式：户内、单母线、母线共箱、间隔共箱、配伴热带 U_N=110kV 最高工作电压：126kV 额定电流：3150A 额定短时耐受电流及持续时间：40kA/3S 外壳材质：铸铝/铝合金/钢 断路器：3150A，40kA，1 台 隔离开关：3150A，40kA/4S，2 组 检修接地开关：40kA/3S，电动机构，1 组 电流互感器：400～800/5A，3 组 套管：3 只 汇控柜：1 台 电压互感器：（110/$\sqrt{3}$）/（0.1/$\sqrt{3}$）/（0.1/$\sqrt{3}$）/（0.1/$\sqrt{3}$）/0.1kV0.2/0.5（3P）/0.5（3P）/3P，1 组	套	2	主变压器进线
2.2	组合电器	型式：户内、单母线、母线共箱、间隔共箱、配伴热带 U_N=110kV 最高工作电压：126kV 额定电流：3150A 断路器：3150A，40kA，1 台 隔离开关：3150A，40kA/4S，2 组 电流互感器：400～800/5A，3 组 汇控柜：1 台	套	1	分段间隔

序号	设备名称	型号规格	单位	数量	备注
2.3	组合电器	型式：户内、单母线、母线共箱、间隔共箱、配伴热带 $U_N = 110kV$ 最高工作电压：126kV 额定电流：3150A 额定短时耐受电流及持续时间：40kA/3S 外壳材质：铸铝/铝合金/钢 断路器：3150A，40kA，1 台 隔离开关：3150A，40kA/4S，2 组 快速接地开关：40kA/3S，电动机构，1 组 电流互感器：400～800/5A，3 组 避雷器带放电计数器：3 只 套管：3 只 汇控柜：1 台 电压互感器：（110/$\sqrt{3}$）/（0.1/$\sqrt{3}$）/（0.1/$\sqrt{3}$）/（0.1/$\sqrt{3}$）/0.1kV0.2/0.5（3P）/0.5（3P）/3P，1 组	套	2	出线间隔
2.4	组合电器	型式：户内、单母线、母线共箱、间隔共箱、配伴热带 $U_N = 110kV$ 最高工作电压：126kV 额定电流：3150A 隔离开关：3150A，40kA/4S，2 组 快速接地开关：40kA/3S，电动机构，1 组 汇控柜：1 台 电压互感器：（110/$\sqrt{3}$）/（0.1/$\sqrt{3}$）/（0.1/$\sqrt{3}$）/（0.1/$\sqrt{3}$）/0.1kV0.2/0.5（3P）/0.5（3P）/3P，1 组	套	2	母线设备间隔
2.5	组合电器母线	三相共箱式，126kV，3150A，40kA/3S	m	12	
3	10kV 配电装置部分				
3.1	10kV 开关柜	断路器柜 金属铠装移开式高压开关柜：12kV，4000A，40kA 真空断路器：12kV，4000A，40kA，1 组 电流互感器：5000/5A，5P30/5P30/0.2S/0.2S，15VA/15VA/15VA/5VA，3 组	台	2	主变压器进线柜
3.2	10kV 开关柜	断路器柜 金属铠装移开式高压开关柜：12kV，4000A，40kA 真空断路器：12kV，4000A，40kA，1 组 电流互感器：5000/5A，5P/0.2S，3 组 带电显示器：1 套	台	2	分段断路器柜
3.3	10kV 开关柜	金属铠装移开式高压开关柜 12kV，3150A，31.5kA/4S 带电显示器：1 套	台	2	联络柜

续表

序号	设备名称	型号规格	单位	数量	备注
3.4	10kV 开关柜	断路器柜 金属铠装移开式高压开关柜：12kV，1250A，31.5kA/4S 真空断路器：12kV，1250A，31.5kA，1 组 电流互感器：300～600/5A，5P30/0.2/0.2S，3 组 氧化锌避雷器：HY5WZ－17/45kV，1 套 带电显示器：1 套	台	24	电缆出线柜
3.5	10kV 开关柜	母线设备柜 金属铠装移开式高压开关柜：12kV，1250A，31.5kA/4S 配熔断器：0.5A，50kA，3 只 电压互感器：（10$\sqrt{3}$）/（0.1/$\sqrt{3}$）/（0.1/$\sqrt{3}$）/（0.1/$\sqrt{3}$）/（0.1/3）kV，0.2/0.5（3P）/3P/3P，3 只 消谐器：1 只 带电显示器：1 组	台	2	母线设备柜
3.6	10kV 开关柜	断路器柜 金属铠装移开式高压开关柜：12kV，1250A，31.5kA/4S 真空断路器：12kV，1250A，31.5kA，1 组 电流互感器：600/5A，5P/0.2S，3 组 接地开关：31.5kA/4S，1 组 氧化锌避雷器：HY5WZ－17/45kV，1 套 带电显示器：1 组	台	4	电容器电缆出线柜
3.7	10kV 开关柜	断路器柜 金属铠装移开式高压开关柜：12kV，1250A，31.5kA/4S 真空断路器：12kV，1250A，31.5kA，1 组 电流互感器：200/5A，50/5A，5P/0.2S，3 组 接地开关：31.5kA/4S，1 组 氧化锌避雷器：HY5WZ－17/45kV，1 套 带电显示器：1 套	台	2	接地变出线柜
3.8	10kV 封闭母线桥	铜母线，3150A，40kA	m	16	
3.9	10kV 柜间封闭母线跨桥	铜母线，3150A，40kA	m	34	
3.10	10kV 穿墙套管	户外—户内耐污型铜导体穿墙套管 型号：CWW－20/4000（瓷质）	只	6	

序号	设备名称	型号规格	单位	数量	备注
3.11	10kV 电容器成套装置	户内高压并联电容器成套装置组合柜 容量：3.6Mvar 额定电压：10kV 最高运行电压：11kV 包含四极隔离开关、电容器、铁芯电抗器、放电电压互感器、避雷器、端子箱等 配不锈钢网门及电磁锁 标称容量：3.6Mvar 单台容量：200kvar，配内熔丝 电抗率：12% 保护方式：相电压差动	套	2	
3.12	10kV 电容器成套装置	户内高压并联电容器成套装置组合柜 容量：4.8Mvar 额定电压：10kV 最高运行电压：11kV 包含四极隔离开关、电容器、铁芯电抗器、放电电压互感器、避雷器、端子箱等 配不锈钢网门及电磁锁 标称容量：4.8Mvar 单台容量：200kvar，配内熔丝 电抗率：12% 保护方式：相电压差动	套	2	
3.13	接地变压器、消弧线圈成套装置	10kV，干式，有外壳 阻抗电压：U_k（%）=6% 应含组件：控制屏，有载开关，电压互感器，电流互感器，避雷器，断路器（可选），隔离开关，中电阻，阻尼电阻 接地变压器容量：800/10.5－100/0.4 消弧线圈容量：630kVA 安装形式：户外箱壳式 爬电距离不小于 420mm	套	2	
4	导体及导线材料				
4.1	交联电缆	ZRC－YJV22－8.7/15－3×240	m	425	
4.2	交联电缆	ZRC－YJV22－1－3×120＋1×70	m	125	
4.3	电缆附件	10kV，户内 配合 YJV22－8.7/15－3×240 电缆用	只	12	
4.4	电缆附件	1kV，户内 配合 YJV22－1－3×120＋1×70 电缆用	只	4	
4.5	10kV 开关柜接地小车		台	3	
4.6	10kV 开关柜检修小车		台	1	
4.7	10kV 开关柜验电小车		台	1	
5	防雷、接地、照明材料				
5.1	铜棒	$\phi 25$，$L=2500$mm	t	0.521	垂直接地体

续表

序号	设备名称	型号规格	单位	数量	备注
5.2	铜排	—40×5	m	1000	接地干线、接地支线、及均压带
5.3	扁钢（镀锌）	—50×6	t	1.178	避雷带接地引下线
5.4	扁钢（镀锌）	—30×4	t	0.282	投光灯、围栏、网门、埋管及摄像机接地
5.5	矩形铜母线	TMY—25×4	t	0.223	二次电缆沟道敷设
5.6	热缩套	与TMY—25×4铜排配套	m	50	铜排与电缆支架搭接处
5.7	铜导线	BV—50（带接线鼻子）	m	500	二次屏柜、开关柜等二次接地
5.8	铜导线	BV—4	m	1000	用于电缆屏蔽层接地
5.9	放热焊点	适用于铜绞线与热镀锌扁钢T字	个	20	
5.10	镀锌钢管	φ100	t	0.217	用于二次接地检查井至电缆沟
5.11	镀锌圆钢	φ10	m	500	屋顶避雷带
5.12	导电防腐涂料		kg	100	
5.13	接地检查井		座	1	
5.14	配电箱	PZ—30	面	1	
5.15	投光灯		套	6	
二	二次设备部分				
1	一次设备在线监测子系统	含以下设备	套	1	
1.1	铁芯夹件接地电流监测传感器及在线监测IED		套	2	
1.2	中性点成套设备避雷器泄漏电流监测数字化远传表计及在线监测IED		套	2	
1.3	主变压器数字化油温计、油位计及在线监测IED		套	1	
1.4	SF₆气体密度远传表计及在线监测IED		套	1	表计由GIS设备厂家提供，按气室配置

续表

序号	设备名称	型号规格	单位	数量	备注
1.5	10kV 触头测温装置及在线监测 IED		套	1	装置由开关柜设备厂家提供
1.6	智能控制系统控制箱		面	1	安装监控终端
2	交直流电源系统				
2.1	智能站用一体化电源系统	一体化电源系统应具备交流窜入直流告警功能	套	1	
	交流进线柜	智能交流进线柜 1 面,含电源自动切换装置	面	1	
	交流馈线柜		面	3	
	第一组并联直流电源柜	配置 2A 模块 17 个	面	2	
	第一组并联直流馈线屏		面	2	
	第二组并联直流电源柜	配置 2A 模块 21 个	面	4	
	第二组并联直流馈线屏		面	2	
	第三组并联直流电源屏	配置 2A 模块 12 个	面	2	
	第二组通信电源馈线柜		面	1	
	事故照明电源馈线柜		面	1	
	UPS 电源馈线柜		面	1	
2.2	电力电缆	ZR－YJV22－3×120＋1×70	m	400	
		ZR－YJV22－1×95	m	150	
3	电缆、光缆及网络线				
3.1	电力电缆	ZR－YJV22－1－2×4	km	1	
	电力电缆	ZR－YJV22－1－2×10	km	1	
	电力电缆	ZR－YJV22－1－3×10＋1×6	km	0.5	
	电力电缆	ZR－YJV22－1－3×16＋1×10	km	0.5	
	电力电缆	ZR－YJV22－1－3×95＋1×50	km	0.5	
3.2	控制电缆	ZR－KYJVP2－22－450/750－4×1.5	km	2	
	控制电缆	ZR－KYJVP2－22－450/750－7×1.5	km	3	
	控制电缆	ZR－KYJVP2－22－450/750－14×1.5	km	2	
	控制电缆	ZR－KYJVP2－22－450/750－4×4	km	3	
	控制电缆	ZR－KYJVP2－22－450/750－8×4	km	0.8	
3.3	多模预制光缆 12 芯	共 40 根,每根 50m(含连接器,免熔接光配模块)	km	1.5	

序号	设备名称	型号规格	单位	数量	备注
3.4	尾缆、光纤跳线		km	3	
3.5	屏蔽双绞线		km	2	
3.6	超五类屏蔽以太网线		km	1	
4	系统保护及安全自动装置				
4.1	110kV 线路光差保护测控装置		台	4	
4.2	110kV 分段保护测控装置		台	1	
4.3	110kV 备自投装置		台	1	
4.4	过程层中心交换机	22 光口	台	3	
4.5	110kV 母线保护柜	包含 110kV 母差保护装置 1 套	面	1	2260mm×600mm×600mm
4.6	低频低压减载柜	包含低频低压减载装置 1 套	面	1	2260mm×600mm×600mm
4.7	故障录波柜	包含故障录波装置 1 套	面	1	2260mm×600mm×600mm
4.8	网络分析系统柜	包含网络报文记录分析装置 1 套	面	1	2260mm×600mm×600mm
5	综合自动化设备				
5.1	站控层设备				
	监控主机兼操作员工作站	包含监控主机 2 套，液晶彩显 1 台，系统软件及应用软件 2 套，键盘、鼠标 1 套，音响 1 套，网络打印机 1 台	面	1	2260mm×600mm×900mm
	智能防误主机柜	具备面向全站设备的操作闭锁功能，为一键顺控操作提供模拟预演、防误校核功能	面	1	2260mm×600mm×900mm
	综合应用服务器柜	包含综合应用服务器 1 套，液晶彩显 1 台，键盘、鼠标 1 套	面	1	2260mm×600mm×900mm
	Ⅰ区数据通信网关机柜	包含 Ⅰ 区数据通信网关机 2 台，通道切换装置 1 套，调制解调器 2 个，模拟通道防雷器 4 个，数字通道防雷器 2 个	面	1	2260mm×600mm×600mm
	Ⅱ区及Ⅲ/Ⅳ区数据通信网关机柜	Ⅱ 区数据通信网关机 1 台，Ⅲ/Ⅳ区数据通信网关机 1 台，防火墙装置 1 台，正向隔离装置 1 套，反向隔离装置 1 套，Ⅱ 区网络安全监测装置 1 台	面	1	2260mm×600mm×600mm
	时间同步系统主机柜	包含主时钟装置 2 套、支持北斗对时及 GPS 对时	面	1	2260mm×600mm×600mm
	防误锁具		套	1	

序号	设备名称	型号规格	单位	数量	备注
5.2	间隔层设备				
	公用测控柜	包含公用测控装置 2 套	面	1	2260mm×600mm×600mm
	站控层交换机柜	包含站控层交换机 4 台	面	1	2260mm×600mm×600mm
	110kV 母线测控装置		套	3	
	主变压器保护柜	包含变压器主后一体保护装置 6 套	面	3	2260mm×600mm×600mm
	主变压器测控柜	包含主变压器高、中、低、本体测控各 9 台	面	3	2260mm×600mm×600mm
	电能表及电能采集柜		面	1	2260mm×600mm×600mm
	线路电能表柜		面	1	2260mm×600mm×600mm
	10kV 线路保护测控装置		套	24	
	10kV 接地变压器保护测控装置		套	3	
	10kV 电容器保护测控装置		套	6	
	10kV TV 重动并列装置		套	2	
	10kV 母线测控装置		套	3	
	10kV 分段保护测控装置		套	2	
	10kV 备自投装置		套	2	
	10kV 时间同步扩展装置		台	1	
	10kV 间隔层交换机	含 22 电口，2 光口	台	4	
5.3	智能设备				
	合并单元智能终端集成装置				
	110kV 线路合并单元智能终端集成装置		套	4	
	110kV 分段合并单元智能终端集成装置		套	1	
	110kV 母线设备合并单元装置		套	2	

序号	设备名称	型号规格	单位	数量	备注
	110kV 母线设备智能终端装置		套	2	
	主变压器高压侧合并单元智能终端集成装置		套	6	
	主变压器低压侧合并单元智能终端集成装置	过程层设备	套	6	
	主变压器本体合并单元		套	6	
	主变压器本体智能终端	含变压器非电量保护功能	套	3	
6	调度自动化设备				
6.1	电能表				
	110kV 线路电能表（考核）	有功精度 0.5S 级，无功精度 2.0 级	块	4	安装于 110kV 线路智能控制柜内
	主变压器高压侧电能表（考核）	有功精度 0.5S 级，无功精度 2.0 级	块	3	安装于主变压器电能表柜
	主变压器低压侧电能表（考核）	有功精度 0.5S 级，无功精度 2.0 级	块	3	安装于主变压器电能表柜
	10kV 线路电能表（关口）	有功精度 0.5S 级，无功精度 2.0 级	块	36	
	10kV 电容器电能表（考核）	有功精度 0.5S 级，无功精度 2.0 级	块	6	
	10kV 接地变压器电能表（考核）	有功精度 0.5S 级，无功精度 2.0 级	块	3	
	站用电进线柜电能表（考核）	有功精度 0.5S 级，无功精度 2.0 级	面	1	包含于站用电系统
6.2	电能量采集设备		面	1	
	电能量远方终端		台	1	
	电源防雷器		个	2	
6.3	电力调度数据网接入设备		面	2	
	路由器		台	2	
	交换机		台	4	
	纵向加密认证装置		台	4	
	柜体		面	1	2260mm×600mm×600mm
6.4	安装材料				

序号	设备名称	型号规格	单位	数量	备注
	计算机通信电缆	DJYPVP 4×2×1	m	400	
	屏蔽音频电缆	HYVP－10×2×0.5	m	50	
	超五类屏蔽双绞线	STP	m	200	
6.5	光纤通信设备				
（1）	SDH 光电数字传输设备	STM－64	套	1	
（2）	综合配线柜	根据具体实际工程要求配置	面	1	
（3）	综合数据网接入设备柜		套	1	
	中端路由器		台	1	
	交换机		台	1	
	光收发一体模块（单模）		台	2	
	光收发一体模块（多模）		台	2	
	正向隔离装置		台	1	
	反向隔离装置		台	1	
	柜体		面	1	2260mm×600mm×900mm
（4）	IAD 设备柜		面	1	
	IAD 设备		套	2	
	柜体		面	1	2260mm×600mm×600mm
（5）	电话机		部	5	
	电话机接线盒		个	4	
	电话机出线盒		个	4	
	电话机分配箱		个	5	
7	辅助设备智能控制系统				
7.1	安全防卫子系统		套	1	
7.2	智能巡视子系统		套	1	
7.3	动环子系统		套	1	
7.4	智能锁控子系统		面	1	
7.5	火灾消防子系统		套	1	

4.2.1.3　典型方案建筑工程量表

建筑工程量清册划分为总图、建筑物、构筑物、水工及消防、暖通五部分。

总图部分建筑工程量包括站区占地面积、站区道路面积、站区围墙长度、站区内建筑面积、站区电缆沟长度等各项。

建筑物部分分为建筑和结构两部分。建筑部分包括配电室的建筑面积、建筑体积、地面工程、屋面工程、楼面工程、墙体工程等各项。结构部分包括钢筋混凝土屋面板面积、钢柱、钢梁、基础四项。

构筑物部分包括室外主变压器及各电压等级配电装置构架、设备支架、设备基础等各项。

水工及消防部分包括给排水管道、消防设施等各项。

暖通部分包括轴流风机、空调机、电暖气等各项。

典型方案 NX－110－A2－6 建筑工程量详见表 4－42。

表 4－42　　　　　　典型方案 NX－110－A2－6 建筑工程量表

序号	建筑工程量名称	型号及规格	单位	数量	备注
一			总图部分		
1	站区围墙内占地面积		m²	3560	
2	站区围墙长度		m	253	结构型式:装配式实体围墙,墙体高度:2.3m
3	围墙大门	钢制实体电动大门	m²	12	
4	站内道路及广场面积		m²	869	
5	站区沟道				
5.1	电缆沟	1.4m×1.0m	m	90	围墙内室外预制电缆沟
5.2		1.4m×1.2m	m	52	
二			建筑物部分		
1	配电室				
1.1	建筑部分				
1.1.1	建筑面积		m²	1150	
1.1.2	建筑体积		m³	8970	

序号	建筑工程量名称	型号及规格	单位	数量	备注
1.1.3	地面面层		m²	1112	
1.1.4	屋面保温	聚苯乙烯隔热保温板	m²	1112	
1.1.5	屋面防水	高分子卷材和高分子防水涂膜防水屋面	m²	1230.50	
1.1.6	外墙装饰（外墙装饰）	一体化水泥纤维集成化墙板	m²	1812	
1.1.7	内墙	轻钢龙骨石膏板内隔墙	m²	2346	
1.1.8	内墙装饰	纸面石膏板墙乳胶漆面	m²	2346	
1.2	结构部分				
1.2.1	屋面板面积		m²	1112	
1.2.2	钢柱	H 型钢	t	47	
1.2.3	钢梁	H 型钢	t	68	
1.2.4	基础	C30 钢筋混凝土	m³	217	
三		构筑物部分			
1	主变压器基础及油坑				
1.1	主变压器基础	C30 钢筋混凝土基础	m³	58.5	
1.2	主变压器油坑		m³	121.79	净空容积
1.3	钢格栅盖板		t	8.3	
2	事故油池	钢筋混凝土	m³	30	有效容积
3	消防水池	钢筋混凝土	m³	486	有效容积
四		水工及消防部分			
1	物联网消防给水系统组		套	1	
2	消防稳压装置		套	1	
3	潜污泵		台	2	
4	电动葫芦		台	1	
5	站区室外给水管道	DN100 钢管	m	50	
6	给水井	混凝土实心砖 2150mm×1100mm×1400mm	座	1	
7	站区室外排水管道	DN400 PVC 双壁波纹排水管	m	338	
8	站区室外排油管道	DN219×6 钢管	m	55	
9	检查井	φ1000 圆形混凝土砌块井	座	12	

续表

序号	建筑工程量名称	型号及规格	单位	数量	备注
10	化粪池	成品环保化粪池	座	1	
11	推车式干粉灭火器	50kg	个	2	
12	手提式干粉灭火器	5kg	个	32	
13	手提式二氧化碳灭火器	7kg	个	10	
14	消防器材柜		个	3	
15	消防沙箱		个	3	
五		暖通部分			
1	防腐轴流风机		台	6	
2	轴流风机		台	6	
3	屋顶风机		台	6	
4	防爆轴流风机		台	1	
5	分体壁挂式空调机	1.5P	台	1	
6	分体柜式空调机	3P	台	4	
7	壁挂式电暖气	1.5kW	台	5	
8	壁挂式电暖气	2kW	台	8	

4.2.1.4 典型方案预算书

预算投资为静态投资。典型方案 NX－110－A2－6 预算书包括总预算表、安装工程汇总预算表、建筑工程专业汇总预算表、其他费用预算表，详见表 4－43～表 4－46。

表 4－43　　　　典型方案 NX－110－A2－6 总预算表　　　金额单位：万元

序号	工程或费用名称	建筑工程费	设备购置费	安装工程费	其他费用	合计	各项占静态投资（%）	单位投资（元/kVA）
一	主辅生产工程	1464	2027	570		4061	82.34	406.1
1	主要生产工程	1275	2027	570		3872	78.51	387.2
2	辅助生产工程	189				189	3.83	18.9
二	与站址有关的单项工程	67		30		97	1.97	9.7

续表

序号	工程或费用名称	建筑工程费	设备购置费	安装工程费	其他费用	合计	各项占静态投资（%）	单位投资（元/kVA）
	小计	1531	2027	600		4158	84.31	415.8
三	其中：编制基准期价差	292		26		318	6.45	31.8
四	其他费用				725	725	14.7	72.5
1	其中：建设场地征用及清理费				53	53		
五	基本预备费				49	49	0.99	4.9
六	特殊项目							
	工程静态投资	1531	2027	600	774	4932	100	493.2

表 4-44　　　典型方案 NX-110-A2-6 安装工程汇总预算表

金额单位：元

序号	工程或费用名称	设备购置费	安装工程费			合计
			装置性材料	安装	小计	
	安装工程	20269400	2108862	3894133	6002995	26272395
一	主要生产工程	20269400	2108862	3594133	5702995	25972395
1	主变压器系统	5132125	599682	361502	961184	6093309
1.1	主变压器	5132125	599682	361502	961184	6093309
2	配电装置	8553055	47588	447691	495279	9048335
2.1	屋内配电装置	8553055	47588	447691	495279	9048335
2.1.1	110kV 配电装置	4221344		250687	250687	4472031
2.1.2	10kV 配电装置	4331711	47588	197004	244592	4576303
3	无功补偿	527668	280062	115098	395160	922828
3.1	低压电容器	527668	280062	115098	395160	922828
3.1.1	10kV 低压电容器	527668	280062	115098	395160	922828
4	控制及直流系统	4641677	170538	501956	672494	5314171
4.1	计算机监控系统	1406355		171029	171029	1577384
4.1.1	计算机监控系统	1225095		70929	70929	1296024
4.1.2	智能设备			85117	85117	85117

续表

序号	工程或费用名称	设备购置费	安装工程费			合计
			装置性材料	安装	小计	
4.1.3	同步时钟	181260		14982	14982	196242
4.2	继电保护	739568		46504	46504	786071
4.3	直流系统及 UPS	553850	114373	92109	206482	760332
4.4	智能辅助控制系统	1337704	56165	180235	236400	1574104
4.5	在线监测系统	604200		12080	12080	616280
5	站用电系统		25572	19474	45046	45046
5.1	站区照明		25572	19474	45046	45046
6	电缆及接地	80560	978326	987228	1965554	2046114
6.1	全站电缆	80560	747423	783251	1530674	1611234
6.1.1	电力电缆		164265	67876	232141	232141
6.1.2	控制电缆	80560	359403	424919	784322	864882
6.1.3	电缆辅助设施		155523	251629	407152	407152
6.1.4	电缆防火		68232	38827	107059	107059
6.2	全站接地		230903	203977	434880	434880
7	通信及远动系统	1334315	7094	84931	92026	1426341
7.1	通信系统	833836	3940	56750	60690	894526
7.2	远动及计费系统	500479	3154	28181	31336	531815
8	全站调试			1076252	1076252	1076252
8.1	分系统调试			266251	266251	266251
8.2	整套启动调试			25894	25894	25894
8.3	特殊调试			784107	784107	784107
三	与站址有关的单项工程			300000	300000	300000
1	站外电源			300000	300000	300000
1.1	站外电源线路			300000	300000	300000
	合计	20269400	2108862	3894133	6002995	26272395

表 4-45　　典型方案 NX-110-A2-6 建筑工程专业汇总预算表

金额单位：元

序号	工程或费用名称	建筑费	设备费	建筑工程费合计
	建筑工程	14562928	743530	15306458
一	主要生产工程	12029485	717867	12747352
1	主要生产建筑	9397868	112204	9510072
1.1	配电室	9397868	112204	9510072
1.1.1	一般土建	9292016		9292016
1.1.2	采暖、通风及空调	9461	105124	114585
1.1.3	照明	96391	7080	103471
2	配电装置建筑	765820		765820
2.1	主变压器系统	423321		423321
2.1.1	主变压器设备基础	158170		158170
2.1.2	主变压器油坑及卵石	206130		206130
2.1.3	30m³ 事故油池	59021		59021
2.2	电缆沟道	342499		342499
3	供水系统	86365	14159	100524
3.1	站区供水管道	49190		49190
3.2	给水阀门井	37175	14159	51334
4	消防系统	1779432	591504	2370936
4.1	站区消防管路	59320		59320
4.2	消防器材	16736		16736
4.3	消防水池	570228		570228
4.4	消防水泵房及消火栓系统	1133147	591504	1724651
4.4.1	一般土建	1058487		1058487
4.4.2	消火栓系统	52200	580000	632200
4.4.3	采暖、通风及空调	1035	11504	12539
4.4.4	给排水	10899		10899
4.4.5	照明	10526		10526
二	辅助生产工程	1863443	25663	1889106
1	辅助生产建筑	383007	25663	408670

续表

序号	工程或费用名称	建筑费	设备费	建筑工程费合计
1.1	警卫室	383007	25663	408670
1.1.1	一般土建	374116		374116
1.1.2	采暖及通风	2310	25663	27973
1.1.3	给排水	3584		3584
1.1.4	照明	2998		2998
2	站区性建筑	1480436		1480436
2.1	站区道路及广场	313123		313123
2.2	站区排水	246355		246355
2.2.1	污水检查井	46435		46435
2.2.2	化粪池	4979		4979
2.2.3	排水管道	194942		194942
2.3	围墙及大门	920958		920958
三	与站址有关的单项工程	670000		670000
1	站外道路	320000		320000
1.1	道路路面	320000		320000
2	站外排水	100000		100000
3	站外水源	250000		250000
	合计	14562928	743530	15306458

表4-46　　　　典型方案 NX-110-A2-6 其他费用预算表　　　金额单位：元

序号	工程或费用名称	编制依据及计算说明	合计
1	建设场地征用及清理费		533733
2	项目建设管理费		2906923
2.1	项目法人管理费	（建筑工程费＋安装工程费）×3.73%	794843
2.2	招标费	（建筑工程费＋安装工程费）×2.29%	487986
2.3	工程监理费	（建筑工程费＋安装工程费）×6.15%	1310531
2.4	设备材料监造费	监造设备购置费×0.87%	84687
2.5	施工过程造价咨询及竣工结算审核费	（建筑工程费＋安装工程费）×0.88%	187523

序号	工程或费用名称	编制依据及计算说明	合计
2.6	安装工程一切险	（建筑工程费＋安装工程费＋设备购置费）×0.07%	29105
2.7	建设工程合同款支付保险	（建筑工程费＋安装工程费）×10%×0.45%	12246
3	项目建设技术服务费		3507065
3.1	项目前期工作费		1177000
3.1.1	可行性研究费用		280000
3.1.2	环境影响评价费用		56000
3.1.3	建设项目规划选址费		105000
3.1.4	水土保持方案编审费用		105000
3.1.5	地质灾害危险性评估费用		105000
3.1.6	地震安全性评价费用		140000
3.1.7	文物调查费用		56000
3.1.8	矿产压覆评估费用		56000
3.1.9	用地预审费用		84000
3.1.10	节能评估费用		35000
3.1.11	社会稳定风险评估费用		70000
3.1.12	使用林地可行性研究费用		35000
3.1.13	土地复垦报告编制费用		50000
3.2	勘察设计费		1679189
3.2.1	勘察费		300000
3.2.2	设计费		1253808
3.2.3	三维设计费	设计费×10%	125381
3.3	设计文件评审费		276000
3.3.1	可行性研究文件评审费		60000
3.3.2	初步设计文件评审费		90000
3.3.3	施工图文件评审费		126000
3.4	工程建设检测费		353566
3.4.1	电力工程质量检测费	（建筑工程费＋安装工程费）×0.28%	59666
3.4.2	环境监测及环境保护验收费		113000

续表

序号	工程或费用名称	编制依据及计算说明	合计
3.4.3	水土保持监测及验收费		180900
3.5	电力工程技术经济标准编制费	（建筑工程费＋安装工程费）×0.1%	21309
4	生产准备费		304725
4.1	工器具及办公家具购置费	（建筑工程费＋安装工程费）×1.08%	230142
4.2	生产职工培训及提前进场费	（建筑工程费＋安装工程费）×0.35%	74583
	小计		7252446

4.2.2　子模块

4.2.2.1　子模块主要技术条件

110kV 变电站典型方案 NX-110-A2-6 有 3 个子模块，分别为：

增减一台主变压器（50MVA，双绕组）NX-110-A2-6-ZB；

增减一回 110kV 电缆出线 NX-110-A2-6-110；

增减一组 10kV 电容器 NX-110-A2-6-10C。

典型方案 NX-110-A2-6 子模块技术条件详见表 4-47。

表 4-47　　典型方案 NX-110-A2-6 子模块技术条件表

序号	子模块名称	子模块技术条件
一	增减一台主变压器（50MVA，双绕组）NX-110-A2-6-ZB	
1	规模	主变压器 1×50MVA 主变压器间隔 110、10kV 两侧进线间隔
2	接线	110kV 采用单母线分段接线 10kV 采用单母线分段接线
3	主要设备型式	主变压器：自冷式有载调压变压器 110kV：采用户内组合电器（GIS），电缆出线 10kV：采用移开式成套开关柜，柜中配置真空断路器
4	配电装置型式	110kV：采用户内 GIS 落地布置 10kV：采用户内高压开关柜双列布置，电缆出线

序号	子模块名称	子模块技术条件
二	增减一回 110kV 电缆出线 NX－110－A2－6－110	
1	规模	110kV 出线 1 回
2	接线	110kV 单母线分段接线
3	主要设备型式	采用 110kV 户内 GIS，电缆出线
4	配电装置型式	采用 110kV GIS 户内一列布置
三	增减一组 10kV 电容器 NX－110－A2－6－10C	
1	规模	增减一台 10kV 电容器组
2	接线	单母线分段
3	主要设备型式	采用 10kV 户内电容器 4800kvar
4	配电装置型式	采用 10kV 电容器户内成套集合式，制造厂成套，电缆引接

4.2.2.2　子模块主要电气设备材料表

典型方案 NX－110－A2－6 子模块主要电气设备材料详见表 4－48。

表 4－48　　典型方案 NX－110－A2－6 子模块主要电气设备材料表

序号	设备名称	型号规格	单位	数量	备注
一	增减一台主变压器（50MVA，双绕组）NX－110－A2－6－ZB				
1	主变压器部分				
1.1	110kV 三相双绕组有载调压变压器	型式：户内、一体式三相、油浸自冷式、有载调压、双绕组 设备型号：SZ－50000/110 电压比：110±8×1.25%/10.5kV 联结组别：YNd11 额定容量：63/63MVA 阻抗电压：U_k（%）=17% 冷却方式：ONAN 附高压侧 110kV 套管 TA LRB－110－400/5A，2 只 附高压侧中性点 66kV 套管 TA LRB－60－100～300/5A，2 只 110kV 侧套管爬电距离不小于 3906mm 10kV 侧套管爬电距离不小于 372mm	台	1	

续表

序号	设备名称	型号规格	单位	数量	备注
1.2	中性点成套装置	成套采购，每套包含：主变压器中性点隔离开关 额定电压：72.5kV 额定电流：630A 动稳定电流峰值：80kA 4s 热稳定电流：31.5kA 带钢支架 氧化锌避雷器：Y1.5W－72/186W 附放电计数器（含指示泄漏电流功能），1 只 电流互感器：10kV 户外干式电流互感器，10P20/10P20 100/5A，1 只 放电间隙：球型间隙，1 套	套	1	
1.3	10kV 氧化锌避雷器	硅橡胶 型号：YH5WZ－17/45 额定电压：17kV; 标称放电电流：5kA 5kA 雷电冲击电流残压：45kV 带放电计数器（含指示泄漏电流功能）	只	1	
1.4	支柱绝缘子	型号：ZS－20/12.5（大小伞防污型） 额定电压：20kV	只	20	
1.5	110kV 高压电力电缆	3×（ZRC－YJLW03－64/110－1×400）	m	200	
1.6	110kV 户内单相电缆终端	与 ZRC－YJLW03－64/110－1×400 配套，带双孔铜接线鼻子	套	3	
1.7	110kV 户内 GIS 单相电缆终端	与 ZRC－YJLW03－64/110－1×400 配套，带双孔铜接线鼻子	套	3	
1.8	矩形铜母线	3×（TMY－125×10）	m	50	
1.9	母线绝缘护套	与 3×（TMY－125×10）尺寸配套	m	50	
1.10	低压电缆	1kV	m	800	
2	110kV 配电装置部分				
2.1	110kV GIS 组合电器	型式：户内、单母线、母线共箱、间隔共箱、配伴热带 $U_N = 110$kV 最高工作电压：126kV 额定电流：3150A 额定短时耐受电流及持续时间：40kA/3S 外壳材质：铸铝/铝合金/钢 断路器：3150A、40kA，1 台 隔离开关：3150A、40kA/4S，2 组 检修接地开关：40kA/3S 电动机构，1 组 电流互感器：400～800/5A，3 组 套管：3 只 汇控柜：1 台 电压互感器：（110/$\sqrt{3}$）/（0.1/$\sqrt{3}$）/（0.1/$\sqrt{3}$）/（0.1/$\sqrt{3}$）/0.1kV 0.2/0.5（3P）/0.5（3P）/3P，1 组	套	1	主变压器进线

序号	设备名称	型号规格	单位	数量	备注
3	10kV 配电装置部分				
3.1	10kV 开关柜	断路器柜 金属铠装移开式高压开关柜：12kV，4000A，40kA 真空断路器：12kV，4000A，40kA，1 组 电流互感器：5000/5A，5P30/5P30/0.2S/0.2S，15VA/15VA/15VA/5VA，3 组	台	1	主变压器进线柜
4	导体及导线材料				
4.1	阻燃控制电缆		m	1000	
4.2	光缆	24 芯层绞多模光缆	m	400	
4.3	光纤跳线、尾缆		m	150	
4.4	通信电缆	超五类通信线、屏蔽双绞线等	m	150	
4.5	铜缆	50mm^2	m	10	
4.6	铜缆	120mm^2	m	10	
4.7	光纤熔接点		个	150	
4.8	光缆槽盒		m	20	
5	电缆防火				
5.1	防火隔板		m^2	10	
5.2	防火涂料		kg	80	
5.3	防火堵料		kg	80	
6	计算机监控系统				
6.1	站控层设备				
	"五防"锁具	1 台主变压器三侧电编码锁、就地挂锁等锁具	套	1	
7	系统保护及安全自动装置				
7.1	主变压器保护测控柜	每面含 1 套主变压器保护、1 套高后备保护测控一体化装置、1 套中后备保护测控一体化装置、1 套低后备保护测控一体化装置、光纤配线子单元、盘线架等	面	1	
8	系统调度自动化				
8.1	电能计量				

序号	设备名称	型号规格	单位	数量	备注
8.2	主变压器电能表及电能量采集柜	含光配单元、盘线架、端子排等辅材，预留1台电能量采集装置、6只数字式电能表安装位置	面	1	
8.3	数字式电能表	接受电流电压采样值	块	3	
9	过程层设备				
9.1	主变压器高压侧合并单元		台	2	安装于110kV GIS智能汇控柜
9.2	主变压器高压侧智能终端		台	1	安装于110kV GIS智能汇控柜
9.3	主变压器中压侧合并单元		台	2	安装于35kV开关柜
9.4	主变压器中压侧智能终端		台	1	安装于35kV开关柜
9.5	主变压器本体智能组件柜	包含1套本体智能终端（集成非电量保护、主变压器本体测控），及光配单元、盘线架等辅件	面	1	
9.6	主变压器低压侧合并单元		台	2	主变压器低压侧，安装于10kV开关柜内
9.7	主变压器低压侧智能终端		台	1	主变压器低压侧，安装于10kV开关柜内
9.8	主变压器本体智能组件柜		面	1	
10	智能辅助控制系统				
10.1	图像监视及安全警卫子系统		套	1	
二	增减一回110kV电缆出线 NX-110-A2-6-110				
（一）	电气一次				
1	110kV配电装置				
1.1	110kV GIS组合电器	型式：户内、单母线、母线共箱、间隔共箱、配伴热带 U_N=110kV 最高工作电压：126kV 额定电流：3150A 额定短时耐受电流及持续时间：40kA/3S 外壳材质：铸铝/铝合金/钢 断路器：3150A，40kA，1台 隔离开关：3150A，40kA/4S，2组	套	1	出线间隔

续表

序号	设备名称	型号规格	单位	数量	备注
1.1	110kV GIS 组合电器	快速接地开关：40kA/3S 电动机构，1 组 电流互感器：400～800/5A，3 组 避雷器：带放电计数器，3 只 套管：3 只 汇控柜：1 台 电压互感器：（110/$\sqrt{3}$）/（0.1/$\sqrt{3}$）/（0.1/$\sqrt{3}$）/（0.1/$\sqrt{3}$）/0.1kV 0.2/0.5（3P）/0.5（3P）/3P，1 组	套	1	出线间隔
1.2	组合电器母线	三相共箱式，126kV，3150A，40kA/3s	m	6	
1.3	低压电缆		m	300	
2	接地				
2.1	热镀锌扁钢	—50mm×6mm	m	200	
3	电缆辅助设施				
3.1	电缆保护管		m	100	
4	电缆防火				
4.1	防火隔板		m^2	16	
4.2	防火涂料		kg	80	
4.3	防火堵料		kg	80	
（二）	电气二次				
1	计算机监控系统				
1.1	站控层设备				
	"五防"锁具	1 回 110kV 出线间隔电编码锁、就地挂锁等锁具	套	1	
2	系统保护及安全自动装置				
2.1	110kV 线路保护测控柜	包含 1 套线路保护测控一体化装置、光纤配线子单元、盘线架等，预留 1 套线路保护测控一体化装置、2 只电能表安装位置	面	1	
3	系统调度自动化				
3.1	电能计量				
	数字式电能表	接受电流电压采样值	块	1	安装于 110kV 线路保护柜内
4	过程层设备				
4.1	110kV 线路合并单元		台	2	安装于 110kV 智能汇控柜内

序号	设备名称	型号规格	单位	数量	备注
4.2	110kV 线路智能终端		台	1	安装于 110kV 智能汇控柜内
5	安装材料				
5.1	控制电缆		m	80	
5.2	阻燃控制电缆		m	240	
5.3	光缆	24 芯层绞多模光缆	m	80	
5.4	光纤跳线、尾缆		m	100	
5.5	通信电缆	超五类通信线、屏蔽双绞线等	m	200	
5.6	铜缆	50mm²	m	20	
5.7	铜缆	120mm²	m	20	
5.8	光纤熔接点		个	120	
5.9	光缆槽盒		m	40	
三	增减一组 10kV 电容器 NX－110－A2－6－10C				
1	无功补偿装置				
1.1	10kV 电容器成套装置	户内高压并联电容器成套装置组合柜 容量：4.8Mvar 额定电压：10kV 最高运行电压：11kV 包含四极隔离开关、电容器、铁芯电抗器、放电电压互感器、避雷器、端子箱等 配不锈钢网门及电磁锁 标称容量：4.8Mvar 单台容量：200kvar，配内熔丝 电抗率：12% 保护方式：相电压差动	套	1	10kV 电容器成套装置
1.2	电力电缆	YJV22－8.7/15－3×300	m	60	
1.3	电缆附件	12kV，冷缩型三芯电缆终端组件，开关柜内用	套	2	
1.4	电缆附件	12kV，冷缩型三芯电缆终端组件，户外用	套	2	
1.5	电缆保护管	150mm	m	20	
1.6	低压电缆	1kV	m	80	
2	10kV 配电装置				

序号	设备名称	型号规格	单位	数量	备注
2.1	10kV 开关柜	断路器柜 金属铠装移开式高压开关柜，12kV，1250A，25kA/4S 真空断路器：12kV，1250A，25kA，1台 电流互感器：400/1A，10P25/0.5/0.2s，3只 接地开关：1250A，25kA/4S，1组 带电显示器：1组 综合状态指示仪 电缆下出线	台	1	电容器电缆出线柜
3	计算机监控系统				
3.1	站控层设备				
	"五防"锁具	1只电编码锁、1只就地挂锁等锁具	套	1	
3.2	间隔层设备				
	10kV 电容器保护测控计量一体化装置		台	1	就地安装于开关柜
4	安装材料				
4.1	控制电缆		m	300	
4.2	通信电缆	超五类通信线、屏蔽双绞线等	m	50	
4.3	铜缆	50mm^2	m	20	
5	电缆防火				
5.1	防火隔板		m^2	6	
5.2	防火涂料		kg	40	
5.3	防火堵料		kg	40	

4.2.2.3 子模块建筑工程量表

110kV 变电站工程通用造价典型方案 NX－110－A2－6 为户内站，建筑部分一次建成，子模块不考虑建筑工程量。

4.2.2.4 子模块预算书

典型方案 NX－110－A2－6 子模块总预算表、安装工程汇总预算表、其他费用预算表分别见表 4－49～表 4－57。

表 4-49　　　　　子模块 NX-110-A2-6-ZB 总预算表　　　金额单位：万元

序号	工程或费用名称	建筑工程费	设备购置费	安装工程费	其他费用	合计	各项占静态投资（%）
一	主辅生产工程		386	107		493	91.13
1	主要生产工程		386	107		493	91.13
2	辅助生产工程						
二	与站址有关的单项工程						
	小计		386	107		493	91.13
三	其中：编制基准期价差			4		4	0.74
四	其他费用				43	43	7.95
1	其中：建设场地征用及清理费						
五	基本预备费				5	5	0.92
六	特殊项目						
	工程静态投资		386	107	48	541	100

表 4-50　　　子模块 NX-110-A2-6-ZB 安装工程汇总预算表
金额单位：元

序号	工程或费用名称	设备购置费	安装工程费			合计
			装置性材料	安装	小计	
	安装工程	3859131	272837	792357	1065193	4924325
一	主要生产工程	3859131	272837	792357	1065193	4924325
1	主变压器系统	2560302	242712	192223	434935	2995237
1.1	主变压器	2560302	242712	192223	434935	2995237
2	配电装置	937316		46186	46186	983502
2.1	屋内配电装置	937316		46186	46186	983502
2.1.1	110kV 配电装置	725644		42350	42350	767995
2.1.2	10kV 配电装置	211671		3836	3836	215507
3	控制及直流系统	274911		29293	29293	304204
3.1	计算机监控系统	53371		18345	18345	71716
3.1.1	计算机监控系统	3021		109	109	3130

续表

序号	工程或费用名称	设备购置费	安装工程费			合计
			装置性材料	安装	小计	
3.1.2	智能设备	50350		18236	18236	68586
3.2	继电保护	120840		10948	10948	131788
3.3	智能辅助控制系统	100700				100700
4	电缆及接地		30125	274247	304372	304372
4.1	全站电缆		29453	272092	301544	301544
4.1.1	控制电缆		26445	265083	291528	291528
4.1.2	电缆防火		3008	7008	10016	10016
4.2	全站接地		672	2156	2828	2828
5	通信及远动系统	86602		3899	3899	90501
5.1	远动及计费系统	86602		3899	3899	90501
6	全站调试			246508	246508	246508
6.1	分系统调试			85735	85735	85735
6.2	整套启动调试			13609	13609	13609
6.3	特殊调试			147164	147164	147164
	合计	3859131	272837	792357	1065193	4924325

表 4-51　　　子模块 NX-110-A2-6-ZB 其他费用预算表

金额单位：元

序号	工程或费用名称	编制依据及计算说明	合计
1	项目建设管理费		160792
1.1	项目法人管理费	（建筑工程费+安装工程费）×3.36%	35791
1.2	招标费	（建筑工程费+安装工程费）×2.29%	24393
1.3	工程监理费	（建筑工程费+安装工程费）×6.15%	65509
1.4	设备材料监造费	监造设备购置费×0.87%	21728
1.5	施工过程造价咨询及竣工结算审核费	（建筑工程费+安装工程费）×0.88%	9374
1.6	工程保险费		3998
1.6.1	安装工程一切险	（建筑工程费+安装工程费+设备购置费）×0.07%	3447

序号	工程或费用名称	编制依据及计算说明	合计
1.6.2	建设工程合同款支付保险	（建筑工程费＋安装工程费）×10%×0.45%	551
2	项目建设技术服务费		255407
2.1	项目前期工作费	（建筑工程费＋安装工程费）×2.97%	31636
2.2	勘察设计费		222705
2.2.1	设计费		202459
2.2.2	三维设计费	设计费×10%	20246
2.3	电力工程技术经济标准编制费	（建筑工程费＋安装工程费）×0.1%	1065
3	生产准备费		15871
3.1	工器具及办公家具购置费	（建筑工程费＋安装工程费）×1.14%	12143
3.2	生产职工培训及提前进场费	（建筑工程费＋安装工程费）×0.35%	3728
	合计		432070

表 4-52　　　　子模块 NX-110-A2-6-110 总预算表　　　金额单位：万元

序号	工程或费用名称	建筑工程费	设备购置费	安装工程费	其他费用	合计	各项占静态投资（%）
1	主辅生产工程		85	47		132	88
1.1	主要生产工程		85	47		132	88
1.2	辅助生产工程						
2	与站址有关的单项工程						
	小计		85	47		132	88
3	编制基准期价差			2		2	1.33
4	其他费用				17	17	11.33
	其中：建设场地征用及清理费						
5	基本预备费				1	1	0.67
6	特殊项目						
	工程静态投资		85	47	18	150	100

127

表 4–53   子模块 NX–110–A2–6–110 安装工程汇总预算表

金额单位：元

序号	工程或费用名称	设备购置费	安装工程费			合计
			装置性材料	安装	小计	
	安装工程	848297	55410	415944	471354	1319650
一	主要生产工程	848297	55410	415944	471354	1319650
1	配电装置	742562	28921	56537	85458	828020
1.1	屋内配电装置	742562	28921	56537	85458	828020
1.1.1	110kV 配电装置	742562	28921	56537	85458	828020
2	控制及直流系统	103721		20690	20690	124411
2.1	计算机监控系统	3021		9155	9155	12176
2.1.1	计算机监控系统	3021		116	116	3137
2.1.2	智能设备			9040	9040	9040
2.2	继电保护	100700		11534	11534	112234
3	电缆及接地		26489	225861	252350	252350
3.1	全站电缆		22077	206455	228531	228531
3.1.1	控制电缆		16831	197035	213866	213866
3.1.2	电缆辅助设施		1354	293	1647	1647
3.1.3	电缆防火		3892	9127	13019	13019
3.2	全站接地		4412	19406	23819	23819
4	通信及远动系统	2014		80	80	2094
4.1	远动及计费系统	2014		80	80	2094
5	全站调试			112775	112775	112775
5.1	分系统调试			14775	14775	14775
5.2	整套启动调试			8616	8616	8616
5.3	特殊调试			89384	89384	89384
	合计	848297	55410	415944	471354	1319650

表 4–54   子模块 NX–110–A2–6–110 其他费用预算表

金额单位：元

序号	工程或费用名称	编制依据及计算说明	合计
1	项目建设管理费		67396

续表

序号	工程或费用名称	编制依据及计算说明	合计
1.1	项目法人管理费	（建筑工程费＋安装工程费）×3.36%	15837
1.2	招标费	（建筑工程费＋安装工程费）×2.29%	10794
1.3	工程监理费	（建筑工程费＋安装工程费）×6.15%	28988
1.4	设备材料监造费	监造设备购置费×0.87%	6460
1.5	施工过程造价咨询及竣工结算审核费	（建筑工程费＋安装工程费）×0.88%	4148
1.6	工程保险费		1169
1.6.1	安装工程一切险	（建筑工程费＋安装工程费＋设备购置费）×0.07%	924
1.6.2	建设工程合同款支付保险	（建筑工程费＋安装工程费）×10%×0.45%	245
2	项目建设技术服务费		93093
2.1	项目前期工作费	（建筑工程费＋安装工程费）×2.97%	13999
2.2	勘察设计费		78622
2.2.1	设计费		71475
2.2.2	三维设计费	设计费×10%	7147
2.3	电力工程技术经济标准编制费	（建筑工程费＋安装工程费）×0.1%	471
3	生产准备费		7023
3.1	工器具及办公家具购置费	（建筑工程费＋安装工程费）×1.14%	5373
3.2	生产职工培训及提前进场费	（建筑工程费＋安装工程费）×0.35%	1650
	合计		167513

表 4－55　　　　子模块 NX－110－A2－6－10C 总预算表

金额单位：万元

序号	工程或费用名称	建筑工程费	设备购置费	安装工程费	其他费用	合计	各项占静态投资（%）
1	主辅生产工程		27	14		41	89.13
1.1	主要生产工程		27	14		41	89.13
1.2	辅助生产工程						
2	与站址有关的单项工程						
	小计		27	14		41	89.13
3	其中：编制基准期价差						

续表

序号	工程或费用名称	建筑工程费	设备购置费	安装工程费	其他费用	合计	各项占静态投资（%）
4	其他费用				5	5	10.87
	其中：建设场地征用及清理费						
5	基本预备费						
6	特殊项目						
	工程静态投资		27	14	5	46	100

表 4-56　　　　子模块 NX-110-A2-6-10C 安装汇总预算表

金额单位：元

序号	工程或费用名称	设备购置费	安装工程费			合计
			装置性材料	安装	小计	
	安装工程	268063	56370	80609	136979	405042
一	主要生产工程	268063	56370	80609	136979	405042
1	配电装置	74115		4009	4009	78125
1.1	屋内配电装置	74115		4009	4009	78125
1.1.1	10kV 配电装置	74115		4009	4009	78125
2	无功补偿	140577	48752	32897	81648	222226
2.1	低压电容器	140577	48752	32897	81648	222226
2.1.1	10kV 低压电容器	140577	48752	32897	81648	222226
3	控制及直流系统	53371		221	221	53592
3.1	计算机监控系统	3021		116	116	3137
3.1.1	计算机监控系统	3021		116	116	3137
3.2	继电保护	50350		105	105	50455
4	电缆及接地		7618	9163	16782	16782
4.1	全站电缆		7618	9163	16782	16782
4.1.1	控制电缆		5967	5175	11142	11142
4.1.2	电缆防火		1651	3988	5639	5639
5	全站调试			34319	34319	34319

序号	工程或费用名称	设备购置费	安装工程费			合计
			装置性材料	安装	小计	
5.1	分系统调试			12591	12591	12591
5.2	整套启动调试			8616	8616	8616
5.3	特殊调试			13112	13112	13112
	合计	268063	56370	80609	136979	405042

表 4-57　　　　子模块 NX-110-A2-6-10C 其他费用预算表

金额单位：元

序号	工程或费用名称	编制依据及计算说明	合价
1	项目建设管理费		20741
1.1	项目法人管理费	（建筑工程费＋安装工程费）×3.36%	4602
1.2	招标费	（建筑工程费＋安装工程费）×2.29%	3137
1.3	工程监理费	（建筑工程费＋安装工程费）×6.15%	8424
1.4	设备材料监造费	监造设备购置费×0.87%	1223
1.5	施工过程造价咨询及竣工结算审核费	（建筑工程费＋安装工程费）×0.88%	3000
1.6	工程保险费		355
1.6.1	安装工程一切险	（建筑工程费＋安装工程费＋设备购置费）×0.07%	284
1.6.2	建设工程合同款支付保险	（建筑工程费＋安装工程费）×10%×0.45%	71
2	项目建设技术服务费		28337
2.1	项目前期工作费	（建筑工程费＋安装工程费）×2.97%	4068
2.2	勘察设计费		24132
2.2.1	设计费		21938
2.2.2	三维设计费	设计费×10%	2194
2.3	电力工程技术经济标准编制费	（建筑工程费＋安装工程费）×0.1%	137
3	生产准备费		2041
3.1	工器具及办公家具购置费	（建筑工程费＋安装工程费）×1.14%	1562
3.2	生产职工培训及提前进场费	（建筑工程费＋安装工程费）×0.35%	479
	合计		51119

4.3 典型方案 NX-110-A3-2 典型造价

4.3.1 典型方案

通用设计基本方案 NX-110-A3-2 主变压器规模为 2 台 50MVA 三相三绕组变压器，110kV 采用户内 GIS 设备，35kV 采用户内充气式开关柜，10kV 采用户内移开式开关柜，主变压器户外布置。

4.3.1.1 典型方案主要技术条件

对 110kV 变电站 NX-110-A3-2 方案整体设计的主要技术条件进行了详细说明，内容包括变电站电气设备安装工程、建筑工程，具体内容详见表 4-58。

表 4-58　　　　　　典型方案 NX-110-A3-2 技术条件表

序号	项目名称	工程主要技术条件
1	主变压器	2×50MVA 三相三绕组变压器
2	出线规模	110kV 本期 2 回，远期 4 回，电缆出线 35kV 本期 8 回，远期 12 回，电缆出线 10kV 本期 16 回，远期 24 回，电缆出线
3	电气主接线	110kV 采用单母线分段接线 35kV 采用单母线分段接线 10kV 采用单母线分段接线
4	无功补偿	每台变压器配置 10kV 电容器 2 组，容量为（3.6+4.8）Mvar
5	短路电流	110kV 短路电流：40kA 35kV 短路电流：31.5/25kA 10kV 短路电流：31.5/40kA
6	主要设备选型	主变压器：一体式三相、油浸自冷式、有载调压、三绕组 110kV：采用户内组合电器（GIS），电缆出线 35kV：采用户内气体绝缘封闭式开关柜，电缆出线 10kV：采用户内成套开关柜，真空式断路器 10kV 电容器：采用框架式电容器补偿装置
7	电气总平面及配电装置	主变压器：户外布置 110kV：采用 GIS 落地式布置，配电装置按 40kA 短路电流水平设计 35kV、10kV：采用户内开关柜双列布置，电缆出线
8	监控系统	按无人值守设计，采用计算机监控系统，监控和远动统一考虑
9	模块化二次设备	二次设备模块化布置，全站设 1 个二次设备室、1 个蓄电池室，含站控层设备模块、公用设备模块、通信设备模块、直流电源系统模块、主变压器间隔层设备模块，采用预制式智能控制柜，110kV 过程层设备按间隔配置，分散布置于就地预制式智能控制柜内

序号	项目名称	工程主要技术条件
10	建筑部分	围墙内占地面积 0.4371hm²，总建筑面积 1242m²，设配电装置室、生产辅助用房、消防水泵房，采用装配式钢框架结构，室内外设置消火栓并配置移动式化学灭火装置
11	站址基本条件	海拔 1000～2000m，设计基本地震加速度按 0.20g 考虑，重现期 50 年的设计基本风速 $v_0 = 30$m/s；天然地基，地基承载力特征值 $f_{ak} = 150$kPa，无地下水影响，假设场地为同一标高

4.3.1.2 典型方案主要电气设备材料表

电气设备材料表划分为电气一次、电气二次两部分。

电气一次部分包括主变压器系统、各电压等级配电装置、无功补偿装置、站用电系统、电缆及附件、接地各部分。其中，主变压器系统主要包括与主变压器相连到构架前的部分设备；站用电系统中，将动力配电箱、检修箱、照明配电箱、户外照明灯具、照明电缆归入本项内；电缆及附件部分包括二次控制电缆及 1kV 电力电缆、站用电高压电力电缆、电缆支架、防火材料等；接地部分包括主接地网、接地引下线、垂直接地极等。

电气二次部分包括计算机监控系统、系统保护及安全自动装置、系统调度自动化、过程层设备、一体化电源设备、智能辅助控制系统、时间同步系统各部分。

典型方案 NX－110－A3－2 主要电气设备材料详见表 4－59。

表 4－59　　　典型方案 NX－110－A3－2 主要电气设备材料表

序号	设备名称	型号规格	单位	数量	备注
一	一次设备部分				
1	主变压器部分				
1.1	110kV 三相三绕组有载调压变压器	一体式三相三绕组油浸自冷式有载调压 SSZ11－50000/110 电压比：110±8×1.25%/38.5±2×2.5%/10.5kV 接线组别：Ynyn0d11 冷却方式：ONAN 阻抗电压：$U_{k1-2}(\%) = 10.5\%$ $U_{k1-3}(\%) = 17.5\%$ $U_{k2-3}(\%) = 6.5\%$ 中性点：LRB－60 200/5A，5P/5P 配有载调压分接开关 110kV 套管外绝缘爬电距离不小于 3150mm 中性点套管外绝缘爬电距离不小于 1812mm 35kV 套管外绝缘爬电距离不小于 1256mm 10kV 套管外绝缘爬电距离不小于 420mm	台	2	

序号	设备名称	型号规格	单位	数量	备注
1.2	中性点成套装置	成套采购，每套包含： 中性点单极隔离开关：GW13－72.5/630（W） 最高电压：72.5kV 额定电流：630A 爬电距离不小于 1812mm 配电动操动机构，1 台 避雷器：Y1.5W－72/186W，1 只，附计数器 放电间隙棒：水平式，间隙可调，1 副 中性点：TA 1 5P/5P 200/5A 10VA	套	2	
2	110kV 配电装置部分				
2.1	组合电器	型式户内、SF_6 气体绝缘全密封（GIS）、三相共箱布置 U_N＝110kV 最高工作电压：126kV 额定电流：3150A 断路器：3150A，40kA，1 台 隔离开关：3150A，40kA/4s，2 组 电流互感器：400～800/5A，5P，3 只 电流互感器：400～800/5A，0.2S，6 只 快速接地开关：40kA/4s，1 组 接地开关：40kA/4s，2 组 就地汇控柜：1 台 电压互感器：（110 $\sqrt{3}$ ）/（0.1/ $\sqrt{3}$ ）/（0.1/ $\sqrt{3}$ ）/（0.1/ $\sqrt{3}$ ）/0.1kV 0.2/0.5（3P）/0.5（3P）/3P 3 只（配可拆卸导体）	套	2	电缆出线间隔
2.2	组合电器	型式户内、SF_6 气体绝缘全密封（GIS）、三相共箱布置 U_N＝110kV 最高工作电压：126kV 额定电流：3150A 断路器：3150A，40kA/4s，1 台 电流互感器：400～800/5A，5P，6 只 电流互感器：400～800/5A，0.2S，6 只 隔离开关：3150A，40kA/4s，2 组 接地开关：3150A，40kA/4s，3 组 带电显示器：三相，1 组 就地汇控柜：1 台	套	2	主变压器进线间隔
2.3	组合电器	型式户内、SF_6 气体绝缘全密封（GIS）、三相共箱布置 U_N＝110kV 最高工作电压：126kV 额定电流：3150A 断路器：3150A，40kA/4s，1 台 电流互感器：400～800/5A，5P，6 只 电流互感器：400～800/5A，0.2S，6 只 隔离开关：3150A，40kA/4s，2 组 接地开关：3150A，40kA/4s，2 组 就地汇控柜：1 只	套	1	桥分段间隔

序号	设备名称	型号规格	单位	数量	备注
2.4	组合电器	型式户外 GI3、二相共箱布置 U_N＝110kV 最高工作电压：126kV 额定电流：3150A 电压互感器：0.2/0.5（3P）/0.5（3P）/6P，3 只（110/$\sqrt{3}$）/（0.1/$\sqrt{3}$）/（0.1/$\sqrt{3}$）/（0.1/$\sqrt{3}$）/0.1kV 隔离开关：3150A，40kA/4s，1 组 接地开关：3150A，40kA/4s，1 组 就地汇控柜：1 台	套	2	母线设备间隔
2.5	组合电器母线	126kV，40kA/3s，3150A	m	10	
2.6	110kV 氧化锌避雷器	YH10WZ－102/266 标称放电电流：10kA 额定电压：102kV 标称雷电冲击电流下的最大残压：266kV 附放电计数器及泄漏电流监测器 外绝缘爬电比距不小于 3150mm	只	3	
3	35kV 配电装置部分				
3.1	35kV 开关柜	断路器柜 金属铠装移开式高压开关柜：40.5kV，1250A，25kA/4s 真空断路器：40.5kV，1250A，25kA/4S，1 台 电流互感器：1200/5A，5P/5P/0.2S/0.2S，3 只 输出容量：20/20/20/20VA 无间隙氧化锌避雷器：51/134kV 5kA，3 只 带电显示器：1 组 综合状态指示仪 架空上进线 柜体尺寸（宽×深）：1200mm×2800mm	台	2	主变压器进线柜
3.2	35kV 开关柜	断路器柜 金属铠装移开式高压开关柜：40.5kV，1250A，25kA/4S 真空断路器：40.5kV，1250A，25kA/4S，1 台 电流互感器：300～600/5A，5P/0.2S，3 只 输出容量：20/20VA 接地开关 25kA/4s，1 组 无间隙氧化锌避雷器：51/134kV 5kA，3 只 带电显示器：1 组 综合状态指示仪 柜体尺寸（宽×深）：1200mm×2800mm	台	8	电缆出线柜

序号	设备名称	型号规格	单位	数量	备注
3.3	35kV 开关柜	断路器柜 金属铠装移式高压开关柜：40.5kV，1250A，25kA/4s 真空断路器：40.5kV，1250A，25kA/4S，1 台 电流互感器：1200/5A，5P/0.2S，3 只 输出容量：20/20VA 带电显示器：1 组 综合状态指示仪 柜体尺寸（宽×深）：1200mm×2800mm	台	1	分段断路器柜
3.4	35kV 开关柜	分段隔离柜 金属铠装移式高压开关柜：40.5kV，1250A，25kA/4S 隔离手车：40.5kV，1250A，25kA/4s，1 台 带电显示器：1 组 综合状态指示仪 柜体尺寸（宽×深）：1200mm×2800mm	台	2	分段隔离柜
3.5	35kV 开关柜	母线设备柜 金属铠装移式高压开关柜：40.5kV，1250A，25kA/4S 配熔断器：0.5A，25kA，3 只 电压互感器：（35/$\sqrt{3}$）/（0.1/$\sqrt{3}$）/（0.1/$\sqrt{3}$）/（0.1/$\sqrt{3}$）/（0.1/$\sqrt{3}$）kV 全绝缘：0.2/0.5（3P）/0.5（3P）/6P，3 只 一次消谐装置：1 只 无间隙氧化锌避雷器：5kA，51/134kV，3 只 附计数器 带电显示器：1 组 综合状态指示仪 柜体尺寸（宽×深）：1200mm×2800mm	台	2	母线设备柜
3.6	绝缘管母线	40.5kV，1250A，25kA	m	20	
4	10kV 配电装置部分				
4.1	10kV 开关柜	断路器柜 金属铠装移式高压开关柜：12kV，3150A，31.5kA 真空断路器：12kV，3150A，31.5kA，1 台 电流互感器：4000/5A，5P/5P/0.2S/0.2S，3 只 输出容量：20/20/20/20VA 无间隙氧化锌避雷器：5kA，HY5WZ－17/45kV，3 只 带电显示器：1 组 综合状态指示仪 架空上进线 柜体尺寸（宽×深）：1000mm×1800mm	台	2	主变压器进线柜

序号	设备名称	型号规格	单位	数量	备注
4.2	10kV 开关柜	断路器柜 金属铠装移开式高压开关柜：12kV，3150A，31.5kA 真空断路器：12kV，3150A，31.5kA，1 台 电流互感器：4000/5A，5P/0.2S，3 只 输出容量：20/20VA 带电显示器：1 组 综合状态指示仪 柜体尺寸（宽×深）：1000mm×1500mm	台	1	分段断路器柜
4.3	10kV 开关柜	金属铠装移开式高压开关柜：12kV，3150A，31.5kA/4S 隔离手车：12kV，3150A，31.5kA，1 台 带电显示器：1 组 综合状态指示仪 柜体尺寸（宽×深）：1000mm×1500mm	台	2	分段隔离柜
4.4	10kV 开关柜	断路器柜 金属铠装移开式高压开关柜：12kV，1250A，31.5kA/4S 真空断路器：12kV，1250A，31.5kA，1 台 电流互感器：300～600/5A，5P/0.2S，3 只 接地开关：31.5kA/4s，1 组 无间隙氧化锌避雷器：5kA，HY5WZ－17/45kV，3 只 带电显示器：1 组 综合状态指示仪 电缆下出线 柜体尺寸（宽×深）：1000mm×1500mm	台	16	电缆出线柜
4.5	10kV 开关柜	母线设备柜 金属铠装移开式高压开关柜：12kV，1250A，31.5kA/4s 配熔断器：0.5A，50kA，3 只 电压互感器：（10/$\sqrt{3}$）/（0.1/$\sqrt{3}$）/（0.1/$\sqrt{3}$）/（0.1/$\sqrt{3}$）/（0.1/$\sqrt{3}$）kV 全绝缘：0.2/0.5（3P）/0.5（3P）/6P，3 只 消谐器：1 只 附计数器 带电显示器：1 组 综合状态指示仪 柜体尺寸（宽×深）：800mm×1500mm	台	3	母线设备柜
4.6	10kV 开关柜	断路器柜 金属铠装移开式高压开关柜：12kV，1250A，31.5kA/4s 真空断路器：12kV，1250A，31.5kA，1 台 电流互感器：600/5A，5P/0.2S，3 只 接地开关：31.5kA/4S，1 组 无间隙氧化锌避雷器：5kA，HY5WZ－17/45kV，3 只 带电显示器：1 组 综合状态指示仪 电缆下出线 柜体尺寸（宽×深）：1000mm×1500mm	台	4	电容器电缆出线柜

序号	设备名称	型号规格	单位	数量	备注
4.7	10kV 开关柜	断路器柜 金属铠装移开式高压开关柜：12kV，1250A，31.5kA/4s 真空断路器：12kV，1250A，31.5kA，1 台 电流互感器：200/5A，50/5A，5P/0.2S，3 只 接地开关：31.5kA/4s 无间隙氧化锌避雷器：5kA，HY5WZ－17/45kV，3 只 带电显示器：1 组 综合状态指示仪 电缆下出线 柜体尺寸（宽×深）：800mm×1500mm	台	2	接地变压器出线柜
4.8	10kV 封闭母线桥	12kV，3150A，31.5kA	m	30	
4.9	10kV 电容器成套装置	户内高压并联电容器成套装置组合柜 容量：3.6Mvar 额定电压：10kV 最高运行电压：11kV 包含四极隔离开关、电容器、铁芯电抗器、放电电压互感器、避雷器、端子箱等 配不锈钢网门及电磁锁 标称容量：3.6Mvar 单台容量：200kvar，配内熔丝 电抗率：5%； 保护方式：开口三角保护 爬电距离不小于 420mm	套	2	
4.10	10kV 电容器成套装置	户内高压并联电容器成套装置组合柜 容量：4.8Mvar 额定电压：10kV 最高运行电压：11kV 包含四极隔离开关、电容器、铁芯电抗器、放电电压互感器、避雷器、端子箱等 配不锈钢网门及电磁锁 标称容量：4.8Mvar 单台容量 200kvar，配内熔丝 电抗率：5% 保护方式：差压保护 爬电距离不小于 420mm	套	2	
4.11	接地变压器、消弧线圈成套装置	型式：10kV、干式、有外壳 阻抗电压：U_k（%）＝6% 应含组件：控制屏，有载开关，电压互感器，电流互感器，避雷器，断路器（可选），隔离开关，中电阻，阻尼电阻 接地变压器容量：700/100kVA 消弧线圈容量：630kVA 安装形式：户外箱壳式 爬电距离不小于 420mm	套	2	

序号	设备名称	型号规格	单位	数量	备注
4.12	消弧线圈成套装置	型式：35kV、干式、有外壳 应含组件：控制屏，电流互感器，阻尼电阻装置，有载开关，电压互感器，真空接触器，并联中电阻，避雷器，隔离开关 消弧线圈容量：1100kVA	套	2	
5	导体及导线材料				
5.1	穿墙套管	35kV，3150A	只	6	
5.2	穿墙套管	20kV，4000A	只	9	
5.3	铜排	$TMY - 80 \times 8$	m	60	
5.4	铜排	$TMY - 125 \times 10$	m	120	
5.5	电力电缆	$YJV62 - 64/110 - 1 \times 300$	m	266	
5.6	电力电缆	$YJV22 - 8.7/15 - 3 \times 185$	m	450	
5.7	电力电缆	$YJV - 26/35 - 1 \times 300$	m	110	
5.8	电缆附件	126kV，冷缩型单芯电缆终端头，户外 配合 $YJV62 - 64/110 - 1 \times 300$	只	9	
5.9	电缆附件	126kV，单芯 GIS 电缆终端头，户内 配合 $YJV62 - 64/110 - 1 \times 300$	只	9	
5.10	电缆附件	35kV，冷缩型单芯电缆终端头，户内 配合 $YJV22 - 26/35 - 1 \times 300$ 电缆用	只	6	
5.11	电缆附件	12kV，冷缩型三芯电缆终端头，户内 配合 $YJV22 - 8.7/15 - 3 \times 185$ 电缆用	只	18	
5.12	110kV 电缆保护箱	不带电压限制器	只	2	
5.13	110kV 电缆接地箱	带电压限制器	只	2	
6	防雷接地、照明材料				
6.1	铜排	30mm×4mm	m	1200	
6.2	铜绞线	120mm²	m	750	
6.3	铜排	25mm×4mm	t	0.167	
6.4	镀锌接地扁钢	—60×8，热镀锌	t	7.687	
6.5	放热焊点		个	200	
6.6	镀铜钢棒	$L = 2500$mm，$\phi 20$	根	25	
6.7	应急照明控制切换屏		面	1	
6.8	照明配电箱	PZR－30	只	3	
6.9	动力配电箱	PZR－30	只	2	
6.10	绝缘铜绞线	50mm²	m	50	
6.11	断线卡紧固件	2×（M16×35）GB_5－76	套	20	

序号	设备名称	型号规格	单位	数量	备注
6.12	临时接地端子	M12×25GB$_5$－76，附蝶形螺母、平垫片	套	24	
二	二次设备部分				
7	一次设备在线监测				
7.1	铁芯/夹件接地电流在线监测装置		套	2	
7.2	铁芯/夹件接地电流在线监测 IED		套	1	
7.3	110kV 绝缘气体密度远传表计及在线监测 IED		套	1	
7.4	35kV 绝缘气体密度远传表计及在线监测 IED		套	1	
7.5	110kV 变压器中性点成套设备避雷器泄漏电流数字化远传表计		套	2	
7.6	中性点成套设备避雷器泄漏电流在线监测 IED		套	1	
8	交直流电源系统				
8.1	一体化电源系统		套	1	
	交流进线柜		面	1	2260mm×800mm×600mm
	交流馈线柜		面	2	2260mm×800mm×600mm
	第一组并联直流电源柜	DC 220V 2A 模块 17 个	面	3	供二次直流负荷，2260mm×800mm×600mm
8.2	直流馈线柜		面	2	2260mm×600mm×600mm
	第二组并联直流电源柜	DC 220V 2A 模块 21 个	面	3	供UPS和事故照明直流负荷，2260mm×800mm×600mm
	UPS 电源柜	10kVA	面	1	2260mm×600mm×600mm
	事故照明电源柜		面	1	2260mm×600mm×600mm
	第三组并联直流电源柜	DC 48V 10A 模块 21 个	面	2	供通信直流负荷，2260mm×800mm×600mm

序号	设备名称	型号规格	单位	数量	备注
	通信直流馈线柜		面	1	2260mm×600mm×600mm
8.3	电力电缆	ZR－YJV22－3×120＋1×70	m	360	
9	电缆、光缆及网络线				
9.1	电力电缆	ZR－YJY22－1－2×4	km	0.2	
	电力电缆	ZR－YJY22－1－2×6	km	0.4	
	电力电缆	ZR－YJY22－1－2×10	km	0.1	
	电力电缆	ZR－YJY22－1－2×16	km	0.7	
	电力电缆	ZR－YJY22－1－2×35	km	0.3	
	电力电缆	ZR－YJY22－1－4×6	km	0.5	
	电力电缆	ZR－YJY22－1－4×10	km	0.5	
	电力电缆	ZR－YJY22－1－4×16	km	0.4	
	电力电缆	ZR－YJY22－1－3×25＋1×16	km	0.4	
	电力电缆	NH－YJY22－1－3×50＋1×25	km	0.3	
9.2	消防电缆	NH－YJV3×120＋1×70	m	360	
9.3	控制电缆	ZR－KYJYP2－22－450/750－4×4	km	5	
	控制电缆	ZR－KYJYP2－22－450/750－8×4	km	0.2	
	控制电缆	ZR－KYJYP2－22－450/750×1.5	km	2	
	控制电缆	ZR－KYJYP2－22－450/750－7×1.5	km	2	
	控制电缆	ZR－KYJYP2－22－450/750－10×1.5	km	1	
	控制电缆	ZR－KYJYP2－22－450/750－14×1.5	km	0.5	
	控制电缆	ZR－KYJYP2－22－450/750－19×1.5	km	0.2	
9.4	预制光缆		km	3	
9.5	免熔接光纤配线箱	24 芯	台	40	
9.6	单模铠装光缆		km	0.2	
9.7	尾缆（尾纤）		km	2.5	
9.8	屏蔽双绞线		km	2	
9.9	超五类屏蔽以太网线		km	2.4	
10	系统保护及安全自动装置				
10.1	110kV 线路保护测控装置	装置型号、厂家与对侧一致	套	4	
10.2	110kV 分段保护测控装置		套	1	

续表

序号	设备名称	型号规格	单位	数量	备注
10.3	110kV 备自投装置		套	1	
10.4	110kV 母线保护柜	包含 110kV 母线保护装置 1 套，110kV 过程层中心交换机 3 台 18 百兆 4 千兆	面	1	2260mm×600mm×600mm
10.5	低频低压减载柜	包含低频低压减载装置 2 套	面	1	2260mm×600mm×600mm
10.6	故障录波柜	包含故障录波装置 1 套	面	1	2260mm×600mm×600mm
10.7	网络分析系统柜	包含网络报文记录分析装置 1 套	面	1	2260mm×600mm×600mm
10.8	110kV 过程层交换机	18 百兆 4 千兆	台	2	
10.9	110kV 对时扩展装置		台	1	
10.10	110kV 间隔层交换机	22 电 2 光口	台	2	
11	综合自动化设备				
11.1	站控层设备				
	监控主机柜	包含监控主机 2 套，液晶彩显 1 台，系统软件及应用软件 1 套，键盘、鼠标 1 套，音响 1 套，网络打印机 1 台	面	1	2260mm×600mm×900mm
	智能防误主机柜	具备面向全站设备的操作闭锁功能，为一键顺控操作提供模拟预演、防误校核功能	面	1	2260mm×600mm×900mm
	综合应用服务器柜	包含综合应用服务器 1 套，液晶彩显 1 台，键盘、鼠标 1 套	面	1	2260mm×600mm×900mm
	Ⅰ区数据通信网关机柜	包含Ⅰ区数据通信网关机 2 台，通道切换装置 1 套，调制解调器 2 个，模拟通道防雷器 4 个，数字通道防雷器 2 个	面	1	2260mm×600mm×600mm
	Ⅱ区及Ⅲ/Ⅳ区数据通信网关机柜	Ⅱ区数据通信网关机 1 台，Ⅲ/Ⅳ区数据通信网关机 1 台，防火墙装置 1 台，正向隔离装置 1 套，反向隔离装置 1 套，Ⅱ区网络安全监测装置 1 台	面	1	2260mm×600mm×600mm
	时间同步系统主机柜	包含主时钟装置 2 套，支持北斗对时及 GPS 对时	面	1	2260mm×600mm×600mm
	防误锁具		套	1	
11.2	间隔层设备				
	公用测控柜	包含公用测控装置 2 套	面	1	2260mm×600mm×600mm
	站控层交换机柜	包含Ⅰ区站控层交换机 6 台 22 电 2 光口，Ⅱ区交换机 1 台 8 光 16 电	面	1	2260mm×600mm×600mm
	110kV 母线测控装置		套	2	
	主变压器保护柜	包含变压器主后一体保护装置 2 套	面	2	2260mm×600mm×600mm

序号	设备名称	型号规格	单位	数量	备注
	主变压器测控柜	包含主变压器高、中、低、本体测控装置各1台	面	2	2260mm×600mm×600mm
	电能表及电能采集柜	预留9块电能表	面	1	2260mm×600mm×600mm
	线路电能表柜	预留6块电能表、电能量远方终端1台安装位置，110kV 电压重动并列装置1套	面	1	2260mm×600mm×600mm
	35kV 线路保护测控装置		套	8	
	35kV TV 重动并列装置		套	1	
	35kV 母线测控装置		套	2	
	35kV 分段保护测控装置		套	1	
	35kV 备自投装置		套	1	
	35kV 间隔层交换机	含22电口2光口	台	2	
	35kV 时间同步扩展装置		台	1	
	10kV 线路保护测控装置		套	16	
	10kV 接地变压器保护测控装置		套	2	
	10kV 电容器保护测控装置		套	4	
	10kV TV 重动并列装置		套	1	
	10kV 母线测控装置		套	2	
	10kV 分段保护测控装置		套	1	
	10kV 备自投装置		套	1	
	10kV 时间同步扩展装置		台	1	
	10kV 间隔层交换机	含22电口2光口	台	4	
11.3	过程层设备				
11.3.1	智能终端				
	主变压器本体智能终端	含变压器非电量保护功能	套	2	
	110kV 母线智能终端		套	2	
11.3.2	合并单元				

序号	设备名称	型号规格	单位	数量	备注
	110kV 母线合并单元装置		套	2	
11.3.2	合并单元智能终端集成装置				
	主变压器高压侧合并单元智能终端集成装置		套	4	
	主变压器中压侧合并单元智能终端集成装置		套	4	
	主变压器低压侧合并单元智能终端集成装置		套	4	
	110kV 线路合并单元智能终端集成装置		套	4	
	110kV 分段合并单元智能终端集成装置		套	1	
12	调度自动化设备				
12.1	电能表				
	110kV 线路电能表	考核，三相四线制，有功精度 0.5S 级，无功精度 2.0 级	块	2	
	110kV 线路电能表	关口，三相四线制，有功精度 0.5S 级，无功精度 2.0 级	块	2	
	主变压器高压侧电能表	考核，三相四线制，有功精度 0.5S 级，无功精度 2.0 级	块	2	
	主变压器中、低压侧电能表	考核，三相三线制，有功精度 0.5S 级，无功精度 2.0 级	块	4	
	35kV 线路电能表	考核，三相三线制，有功精度 0.5S 级，无功精度 2.0 级	块	4	
	35kV 线路电能表	关口，三相三线制，有功精度 0.5S 级，无功精度 2.0 级	块	4	
	10kV 线路电能表	考核，三相三线制，有功精度 0.5S 级，无功精度 2.0 级	块	8	
	10kV 线路电能表	关口，三相三线制，有功精度 0.5S 级，无功精度 2.0 级	块	8	
	10kV 电容器电能表	考核，三相三线制，有功精度 0.5S 级，无功精度 2.0 级	块	4	
	10kV 接地变压器电能表	考核，三相三线制，有功精度 0.5S 级，无功精度 2.0 级	块	2	
12.2	电能量采集设备				

序号	设备名称	型号规格	单位	数量	备注
	电能量远方终端		台	1	
	电源防雷器		个	2	
12.3	电力调度数据网接入设备				
	路由器		台	1	
	交换机		台	4	
	纵向加密认证装置		台	4	
	柜体		面	1	2260mm×600mm×600mm
12.4	安装材料				
	计算机通信电缆	DJYPVP 4×2×1	m	500	
	屏蔽音频电缆	HYVP-5×2×0.7	m	50	
	以太网线	STP	m	200	
	电力监控系统安全防护评估		项	1	
12.5	光纤通信设备				
(1)	SDH 光电数字传输设备	STM-64	套	1	
(2)	综合配线柜	根据具体实际工程要求配置	面	1	
(3)	综合数据网接入设备柜		套	1	
	中端路由器		台	1	
	交换机		台	1	
	光收发一体模块（单模）	40km	台	2	
	光收发一体模块（多模）	10km	台	2	
	正向隔离装置		台	1	
	反向隔离装置		台	1	
	柜体		面	1	2260mm×600mm×900mm
(4)	IAD 设备柜		面	1	
	IAD 设备		套	2	
	柜体		面	1	2260mm×600mm×600mm
(5)	电话机		部	5	

序号	设备名称	型号规格	单位	数量	备注
	电话机接线盒		个	4	
	电话机出线盒		个	4	
	电话机分配箱		个	5	
13	辅助设备智能控制系统				
13.1	安全防卫子系统		套	1	
13.2	智能巡视子系统		套	1	
13.3	动环子系统		套	1	
13.4	智能锁控子系统		面	1	
13.5	火灾消防子系统		套	1	

4.3.1.3 典型方案建筑工程量表

建筑工程量清册划分为总图、建筑物、构筑物、水工及消防、暖通五部分。

总图部分建筑工程量包括站区占地面积、站区道路面积、站区围墙长度、站区内建筑面积、站区电缆沟长度等各项。

建筑物部分分为建筑和结构两部分。建筑部分包括配电室的建筑面积、建筑体积、地面工程、屋面工程、楼面工程、墙体工程等各项。结构部分包括钢筋混凝土屋面板面积、钢柱、钢梁、基础四项。

构筑物部分包括室外主变压器及各电压等级配电装置构架、设备支架、设备基础等各项。

水工及消防部分包括给排水管道、消防设施等各项。

暖通部分包括轴流风机、空调机、电暖气等各项。

典型方案 NX-110-A3-2 建筑工程量详见表 4-60。

表 4-60　　典型方案 NX-110-A3-2 建筑工程量表

序号	建筑工程量名称	型号及规格	单位	数量	备注
一	总图部分				
1	站区围墙内占地面积		m²	4371	
2	站区围墙长度		m	277	结构型式：装配式实体围墙，墙体高度：2.3m

序号	建筑工程量名称	型号及规格	单位	数量	备注
3	围墙大门	钢制实体电动大门	m²	12	
4	站区道路及广场面积		m²	988	
5	站区沟道				
5.1		0.8m×0.8m	m	40	围墙内室外预制电缆沟
5.2	电缆沟	1.4m×1.8m	m	90	
5.3		2.0m×2.0m	m	52	
二		建筑物部分			
1	配电室				
1.1	建筑部分				
1.1.1	建筑面积		m²	1242	
1.1.2	建筑体积		m³	5646	
1.1.3	地面面层		m²	1205	
1.1.4	屋面保温	聚苯乙烯隔热保温板	m²	1205	
1.1.5	屋面保温防水	高分子卷材和高分子防水涂膜防水屋面	m²	1304.10	
1.1.6	外墙（外墙装饰）	一体化水泥纤维集成化墙板	m²	1949	
1.1.7	外墙装饰		m²	1949	
1.1.8	内墙装饰	纸面石膏板墙面浆（或涂料饰面）	m²	2533	
1.2	结构部分				
1.2.1	屋面板面积		m²	1205	
1.2.2	钢柱	H 型钢	t	59	
1.2.3	钢梁	H 型钢	t	86	
1.2.4	基础	C30 钢筋混凝土	m³	258	
三		构筑物部分			
1	主变压器构支架及基础				
1.1	构架柱（人字柱）		t	5.376	
1.2	母线桥支架		t	2.337	
1.3	中性点基础	C30 钢筋混凝土基础	m³	2.526	
2	主变压器基础及油坑				
2.1	主变压器基础	C30 钢筋混凝土基础	m³	40.85	
2.2	主变压器油坑		m³	141.17	净空容积
2.3	钢格栅盖板		t	14.49	

序号	建筑工程量名称	型号及规格	单位	数量	备注
3	防火墙	框架砖砌	m²	53.92	
4	事故油池	钢筋混凝土	m³	20	有效容积
5	25m 避雷针塔		t	1.5	2 座
6	消防水池	钢筋混凝土	m³	409	有效容积
四		水工及消防部分			
1	物联网消防给水系统组		套	1	
2	消防稳压装置		套	1	
3	潜污泵		台	2	
4	电动葫芦		台	1	
5	污水处理装置		套	1	
6	化粪池	成品环保化粪池	套	1	
7	污水检查井	ϕ700 圆形混凝土砌块井	个	4	
8	供水管道	DN100	m	50	
9	推车式干粉灭火器	50kg	个	2	
10	手提式干粉灭火器	5kg	个	32	
11	手提式二氧化碳灭火器	7kg	个	10	
12	消防器材柜		个	3	
13	消防沙箱		个	3	
五		暖通部分			
1	防爆壁挂式空调	2P	台	2	
2	柜式空调	5P	台	2	
3	轴流风机		台	14	
4	卫生间通风器		台	2	
5	电暖气	1.5kW	台	6	
6	防爆电暖气	2kW	台	1	

4.3.1.4 典型方案预算书

预算投资为静态投资。典型方案 NX-110-A3-2 预算书包括总预算表、安装工程汇总预算表、建筑工程专业汇总预算表、其他费用预算表，详见表 4-61～表 4-64。

表 4-61　　　　　　　　　典型方案 NX-110-A3-2 总预算表　　　　　金额单位：万元

序号	工程或费用名称	建筑工程费	设备购置费	安装工程费	其他费用	合计	各项占静态投资（%）	单位投资（元/kVA）
一	主辅生产工程	1346	2490	598		4434	83.36	443.4
1	主要生产工程	1142	2490	598		4230	79.53	423
2	辅助生产工程	204				204	3.84	20.4
二	与站址有关的单项工程	67		30		97	1.82	9.7
	小计	1413	2490	628		4531	85.19	453.1
三	其中：编制基准期价差	222		23		245	4.61	24.5
四	其他费用				735	735	13.82	73.5
1	其中：建设场地征用及清理费				66	66		
五	基本预备费				53	53	1	5.3
六	特殊项目							
	工程静态投资	1413	2490	628	788	5319	100	531.9

表 4-62　　　　　　典型方案 NX-110-A3-2 安装工程汇总预算表　　　　　金额单位：元

序号	工程或费用名称	设备购置费	安装工程费			合计
			装置性材料	安装	小计	
	安装工程	24902868	1921203	4358203	6279406	31182274
一	主要生产工程	24902868	1921203	4058203	5979406	30882274
1	主变压器系统	5696742	471791	500901	972692	6669434
1.1	主变压器	5696742	471791	500901	972692	6669434
2	配电装置	12819724	277399	731354	1008753	13828477
2.1	屋内配电装置	12819724	277399	731354	1008753	13828477
2.1.1	110kV 配电装置	4253779		319615	319615	4573395
2.1.2	35kV 配电装置	5115761	47697	236743	284440	5400201
2.1.3	10kV 配电装置	3450183	229702	174996	404698	3854881
3	无功补偿	558079	139474	94630	234104	792183
3.1	低压电容器	558079	139474	94630	234104	792183
3.1.1	10kV 低压电容器	558079	139474	94630	234104	792183
4	控制及直流系统	4687569	94875	440885	535761	5223329

序号	工程或费用名称	设备购置费	安装工程费			合计
			装置性材料	安装	小计	
4.1	计算机监控系统	1386215		132444	132444	1518659
4.1.1	计算机监控系统	1225095		68280	68280	1293375
4.1.2	智能设备			60927	60927	60927
4.1.3	同步时钟	161120		3237	3237	164357
4.2	继电保护	805600		49593	49593	855193
4.3	直流系统及 UPS	553850	94875	115490	210365	764215
4.4	智能辅助控制系统	1337704		131034	131034	1468738
4.5	在线监测系统	604200		12324	12324	616524
5	站用电系统	10070	95552	59889	155441	165511
5.1	站区照明	10070	95552	59889	155441	165511
6	电缆及接地	80560	830815	821364	1652179	1732739
6.1	全站电缆	80560	630535	563372	1193907	1274467
6.1.1	电力电缆		138639	70206	208845	208845
6.1.2	控制电缆	80560	358658	305051	663709	744269
6.1.3	电缆辅助设施		28136	60070	88206	88206
6.1.4	电缆防火		105103	128045	233148	233148
6.2	全站接地		200280	257991	458271	458271
7	通信及远动系统	1050124	11297	181406	192703	1242827
7.1	通信系统	711607	7682	49672	57354	768960
7.2	远动及计费系统	338517	3615	131735	135350	473867
8	全站调试			1227774	1227774	1227774
8.1	分系统调试			254755	254755	254755
8.2	整套启动调试			29074	29074	29074
8.3	特殊调试			943945	943945	943945
三	与站址有关的单项工程			300000	300000	300000
1	站外电源			300000	300000	300000
1.1	站外电源线路			300000	300000	300000
	合计	24902868	1921203	4358203	6279406	31182274

表 4－63   典型方案 NX－110－A3－2 建筑工程专业汇总预算表   金额单位：元

序号	工程或费用名称	建筑费	设备费	建筑工程费合计
	建筑工程	13215520	913796	14129316
一	主要生产工程	10744282	671142	11415424
1	主要生产建筑	7861351	84063	7945414
1.1	配电室	7861351	84063	7945414
1.1.1	一般土建	7773446		7773446
1.1.2	采暖、通风及空调	6928	76983	83911
1.1.3	照明	80976	7080	88056
2	配电装置建筑	1436024		1436024
2.1	主变压器系统	817170		817170
2.1.1	构支架及基础	190046		190046
2.1.2	主变压器设备基础	66120		66120
2.1.3	主变压器油坑及卵石	375555		375555
2.1.4	防火墙	146298		146298
2.1.5	20m³ 事故油池	39150		39150
2.2	避雷针塔	78420		78420
2.3	电缆沟道	540435		540435
3	供水系统	157647		157647
3.1	站区供水管道	24136		24136
3.2	给水阀门井	133512		133512
4	消防系统	1289259	587079	1876338
4.1	站区消防管路	98711		98711
4.2	消防器材	16736		16736
4.3	消防水池	406392		406392
4.4	消防水泵房及消火栓系统	767421	587079	1354500
4.4.1	一般土建	700278		700278
4.4.2	消火栓系统	52200	580000	632200
4.4.3	采暖、通风及空调	637	7079	7716
4.4.4	给排水	7277		7277
4.4.5	照明	7029		7029
二	辅助生产工程	1801238	242654	2043892
1	辅助生产建筑	568029	25663	593692
1.1	警卫室	568029	25663	593692

续表

序号	工程或费用名称	建筑费	设备费	建筑工程费合计
1.1.1	一般土建	560560		560560
1.1.2	采暖及通风	2310	25663	27973
1.1.3	给排水	5160		5160
2	站区性建筑	1200744	216991	1417735
2.1	站区道路及广场	352692		352692
2.2	站区排水	340473	216991	557464
2.2.1	污水处理装置	15929	176991	192920
2.2.2	污水检查井	18992		18992
2.2.3	污水收集井	31657		31657
2.2.4	积水排出井	31118	40000	71118
2.2.5	雨水口	15752		15752
2.2.6	化粪池	4979		4979
2.2.7	排水管道	222047		222047
2.3	围墙及大门	507579		507579
3	全站沉降观测点	16686		16686
4	投光灯、高程控制点、摄像机、端子箱等基础	15779		15779
三	与站址有关的单项工程	670000		670000
1	站外道路	320000		320000
1.1	道路路面	320000		320000
2	站外排水	100000		100000
3	站外水源	250000		250000
	合计	13215520	913796	14129316

表 4-64   典型方案 NX-110-A3-2 其他费用预算表   金额单位：元

序号	工程或费用名称	编制依据及计算说明	合计
1	建设场地征用及清理费		655322
2	项目建设管理费		2796298
2.1	项目法人管理费	（建筑工程费＋安装工程费）×3.73%	761245
2.2	招标费	（建筑工程费＋安装工程费）×2.29%	467360
2.3	工程监理费	（建筑工程费＋安装工程费）×6.15%	1255136
2.4	设备材料监造费	监造设备购置费×0.87%	89813

序号	工程或费用名称	编制依据及计算说明	合计
2.5	施工过程造价咨询及竣工结算审核费	（建筑工程费＋安装工程费）×0.88%	179597
2.6	工程保险费		43146
2.6.1	安装工程一切险	（建筑工程费＋安装工程费＋设备购置费）×0.07%	31718
2.6.2	建设工程合同款支付保险	（建筑工程费＋安装工程费）×10%×0.45%	11428
3	项目建设技术服务费		3607424
3.1	项目前期工作费		1177000
3.1.1	可行性研究费用		280000
3.1.2	环境影响评价费用		56000
3.1.3	建设项目规划选址费		105000
3.1.4	水土保持方案编审费用		105000
3.1.5	地质灾害危险性评估费用		105000
3.1.6	地震安全性评价费用		140000
3.1.7	文物调查费用		56000
3.1.8	矿产压覆评估费用		56000
3.1.9	用地预审费用		84000
3.1.10	节能评估费用		35000
3.1.11	社会稳定风险评估费用		70000
3.1.12	使用林地可行性研究费用		35000
3.1.13	土地复垦报告编制费用		50000
3.2	勘察设计费		1782971
3.2.1	勘察费		300000
3.2.2	设计费		1348155
3.2.3	三维设计费	设计费×10%	134816
3.3	设计文件评审费		276000
3.3.1	可行性研究文件评审费		60000
3.3.2	初步设计文件评审费		90000
3.3.3	施工图文件评审费		126000
3.4	工程建设检测费		351044
3.4.1	电力工程质量检测费	（建筑工程费＋安装工程费）×0.28%	57144

续表

序号	工程或费用名称	编制依据及计算说明	合计
3.4.2	环境监测及环境保护验收费		113000
3.4.3	水土保持项目验收及补偿费		180900
3.5	电力工程技术经济标准编制费	（建筑工程费＋安装工程费）×0.1%	20409
4	生产准备费		291845
4.1	工器具及办公家具购置费	（建筑工程费＋安装工程费）×1.08%	220414
4.2	生产职工培训及提前进场费	（建筑工程费＋安装工程费）×0.35%	71431
	合计		7350888

4.3.2 子模块

4.3.2.1 子模块主要技术条件

110kV 变电站典型方案 NX－110－A3－2 有 1 个子模块，为：

增减一台主变压器（50MVA，三绕组）NX－110－A3－2－ZB。

典型方案 NX－110－A3－2 子模块技术条件详见表 4－65。

表 4－65　　　　典型方案 NX－110－A3－2 子模块技术条件表

序号	子模块名称	子模块技术条件
一	增减一台主变压器（50MVA，三绕组）NX－110－A3－2－ZB	
1	规模	主变压器 1×50MVA 主变压器间隔 110、35、10kV 三侧进线间隔
2	接线	110kV 单母线分段接线 35kV 单母线分段接线 10kV 单母线分段接线
3	主要设备型式	三相三绕组主变压器 110kV：采用户内组合电器（GIS），电缆出线 35kV：采用户内气体绝缘封闭式开关柜，电缆出线 10kV：采用户内移开式开关柜，柜中配置真空断路器
4	配电装置型式	主变压器露天布置，110kV 电缆进线、35kV 电缆进线、10kV 母线桥进线

4.3.2.2 子模块主要电气设备材料表

典型方案 NX－110－A3－2 子模块主要电气设备材料详见表 4－66。

表 4-66　　典型方案 NX-110-A3-2 子模块主要电气设备材料表

序号	设备名称	型号规格	单位	数量	备注
一	增减一台主变压器（50MVA，三绕组）NX-110-A3-2-ZB				
1	主变压器部分				
1.1	110kV 三相三绕组有载调压变压器	一体式三相三绕组油浸自冷式有载调压 SSZ11-50000/110 电压比：110±8×1.25%/38.5±2×2.5%/10.5kV 接线组别：Ynyn0d11 冷却方式：ONAN 阻抗电压 $U_{k1-2}(\%)=10.5\%$ $U_{k1-3}(\%)=17.5\%$ $U_{k2-3}(\%)=6.5\%$ 中性点：LRB-60，200/5A，5P/5P 配有载调压分接开关 110kV 套管外绝缘爬电距离不小于 3150mm 中性点套管外绝缘爬电距离不小于 1812mm 35kV 套管外绝缘爬电距离不小于 1256mm 10kV 套管外绝缘爬电距离不小于 420mm	台	1	
1.2	中性点成套装置	成套采购，每套包含： 中性点单极隔离开关：GW13-72.5/630（W） 最高电压：72.5kV 额定电流：630A 爬电距离不小于 1812mm 配电动操动机构，1 台 避雷器：Y1.5W-72/186W，1 只，附计数器 放电间隙棒：水平式，间隙可调，1 副 中性点：TA 1 5P/5P 200/5A 10VA	台	1	单级
1.3	穿墙套管	型式：CWW-24/4000A，铜质、瓷绝缘 最高电压：24kV 外绝缘爬电距离：744mm	只	3	
1.4	铜排	125mm×10mm	m	30	
1.5	热缩绝缘套	配合 125mm×10mm 用	m	40	
1.6	电力电缆	YJV22-1	m	500	
1.7	避雷器	HY1，5WZ-33/81	台	3	
1.8	干式消弧线圈	35kV，1100kVA	台	1	
2	110kV 配电装置部分				
2.1	组合电器	型式：户内、SF_6 气体绝缘全密封（GIS）、三相共箱布置 $U_N=110kV$ 最高工作电压：126kV 额定电流：3150A 断路器：3150A，40kA/4s，1 台 电流互感器：400～800/5A 5P，6 只 电流互感器：400～800/5A 0.2S，6 只 隔离开关：3150A，40kA/4s，2 组 接地开关：3150A，40kA/4s，3 组 带电显示器：三相，1 组 就地汇控柜：1 台	套	2	主变压器进线间隔

续表

序号	设备名称	型号规格	单位	数量	备注
3	35kV 配电装置部分				
3.1	35kV 开关柜	断路器柜 金属铠装移开式高压开关柜：40.5kV，1250A，25kA/4s 真空断路器：40.5kV，1250A，25kA/4s，1 台 电流互感器：1200/5A，5P/5P/0.2S/0.2S，3 只 输出容量：20/20/20/20VA 无间隙氧化锌避雷器：51/134kV，5kA，3 只 带电显示器：1 组 综合状态指示仪 架空上进线 柜体尺寸（宽×深）：1200mm×2800mm	台	2	主变压器进线柜
4	10kV 配电装置部分				
4.1	10kV 开关柜	断路器柜 金属铠装移开式高压开关柜：12kV，3150A，31.5kA 真空断路器：12kV，3150A，31.5kA，1 台 电流互感器：4000/5A，5P/5P/0.2S/0.2S，3 只 输出容量：20/20/20/20VA 无间隙氧化锌避雷器：5kA，HY5WZ－17/45kV，3 只 带电显示器：1 组 综合状态指示仪 架空上进线 柜体尺寸（宽×深）：1000mm×1800mm	台	2	主变压器进线柜
5	导体及导线材料				
5.1	阻燃控制电缆	直流电缆、主变压器	m	1000	
5.2	光缆	24 芯层绞多模光缆	m	400	
5.3	光纤跳线、尾缆		m	200	
5.4	通信电缆	超五类通信线、屏蔽双绞线等	m	120	
5.5	铜缆	50mm²	m	10	
5.6	铜缆	120mm²	mm	10	
5.7	光纤熔接点		个	150	
5.8	光缆槽盒		m	40	
6	电缆防火				
6.1	防火隔板		m²	10	
6.2	防火涂料		kg	80	
6.3	防火堵料		kg	80	

序号	设备名称	型号规格	单位	数量	备注
7	计算机监控系统				
7.1	站控层设备				
	"五防"锁具	1 台主变压器三侧电编码锁、就地挂锁等锁具	套	1	
8	系统保护及安全自动装置				
8.1	主变压器保护测控柜	每面含 1 套主变压器保护、1 套高后备保护测控一体化装置、1 套中后备保护测控一体化装置、1 套低后备保护测控一体化装置、光纤配线子单元、盘线架等	面	1	
9	系统调度自动化				
9.1	电能计量				
	主变压器电能表及电能量采集柜	含光配单元、盘线架、端子排等辅材,预留 1 台电能量采集装置、6 只数字式电能表安装位置	面	1	
	数字式电能表	接受电流电压采样值	块	3	
10	过程层设备				
10.1	主变压器高压侧合并单元		台	2	安装于 110kV GIS 智能汇控柜
10.2	主变压器高压侧智能终端		台	1	安装于 110kV GIS 智能汇控柜
10.3	主变压器中压侧合并单元		台	2	安装于 35kV 开关柜
10.4	主变压器中压侧智能终端		台	1	安装于 35kV 开关柜
10.5	主变压器本体智能组件柜	包含 1 套本体智能终端(集成非电量保护、主变压器本体测控),及光配单元、盘线架等辅件	面	1	
10.6	主变压器低压侧合并单元		台	2	主变压器低压侧,安装于 10kV 开关柜内
10.7	主变压器低压侧智能终端		台	1	主变压器低压侧,安装于 10kV 开关柜内
10.8	主变压器本体智能组件柜		面	1	
11	智能辅助控制系统				
11.1	图像监视及安全警卫子系统		套	1	

4.3.2.3 子模块建筑工程量表

典型方案 NX－110－A3－2 子模块建筑工程量详见表 4－67。

表 4－67　　　　典型方案 NX－110－A3－2 子模块建筑工程量表

编号	名称	规格	单位	数量	备注
一	增减一台主变压器（50MVA，三绕组）NX－110－A3－2－ZB				
1	主变压器基础及油坑				
1.1	主变压器基础		m³	20.424	
1.2	主变压器油坑		m³	70.586	净空容积

4.3.2.4 子模块预算书

典型方案 NX－110－A3－2 子模块总预算表、安装工程汇总预算表、建筑工程专业汇总预算表、其他费用预算表分别见表 4－68～表 4－71。

表 4－68　　　　　　子模块 NX－110－A3－2－ZB 总预算表　　　　金额单位：万元

序号	工程或费用名称	建筑工程费	设备购置费	安装工程费	其他费用	合计	各项占静态投资（%）
一	主辅生产工程	35	507	69		611	91.6
1	主要生产工程	35	507	69		611	91.6
2	辅助生产工程						
二	与站址有关的单项工程						
	小计	35	507	69		611	91.6
三	其中：编制基准期价差	10		3		13	1.95
四	其他费用				49	49	7.35
1	其中：建设场地征用及清理费						
五	基本预备费				7	7	1.05
六	特殊项目						
	工程静态投资	35	507	69	56	667	100

表 4-69　　　子模块 NX-110-A3-2-ZB 安装工程汇总预算表　　金额单位：元

序号	工程或费用名称	设备购置费	安装工程费			合计
			装置性材料	安装	小计	
	安装工程	5069058	119376	569144	688520	5757578
一	主要生产工程	5069058	119376	569144	688520	5757578
1	主变压器系统	3295328	74251	155241	229492	3524820
1.1	主变压器	3295328	74251	155241	229492	3524820
2	配电装置	1432357		54774	54774	1487131
2.1	屋内配电装置	1432357		54774	54774	1487131
2.1.1	110kV 配电装置	875385		42350	42350	917735
2.1.2	35kV 配电装置	310055		8588	8588	318643
2.1.3	10kV 配电装置	246916		3836	3836	250752
3	控制及直流系统	274911		39162	39162	314073
3.1	计算机监控系统	53371		28214	28214	81585
3.1.1	计算机监控系统	3021		109	109	3130
3.1.2	智能设备	50350		28105	28105	78455
3.2	继电保护	120840		10948	10948	131788
3.3	智能辅助控制系统	100700				100700
4	电缆及接地		45125	95617	140742	140742
4.1	全站电缆		44454	93461	137915	137915
4.1.1	控制电缆		41446	86453	127898	127898
4.1.2	电缆防火		3008	7008	10016	10016
4.2	全站接地		672	2156	2828	2828
5	通信及远动系统	66462		3899	3899	70361
5.1	远动及计费系统	66462		3899	3899	70361
6	全站调试			220451	220451	220451
6.1	分系统调试			59102	59102	59102
6.2	整套启动调试			13609	13609	13609
6.3	特殊调试			147740	147740	147740
	合计	5069058	119376	569144	688520	5757578

表 4-70　　子模块 NX-110-A3-2-ZB 建筑工程专业汇总预算表　金额单位：元

序号	工程或费用名称	建筑费	设备费	建筑工程费合计
	建筑工程	354742		354742
一	主要生产工程	354742		354742
1	配电装置建筑	314960		314960
1.1	主变压器系统	314960		314960
1.1.1	主变压器设备基础	55653		55653
1.1.2	主变压器油坑及卵石	259307		259307
2	消防系统	39782		39782
2.1	站区消防管路	32881		32881
2.2	消防器材	6901		6901
	合计	354742		354742

表 4-71　　　子模块 NX-110-A3-2-ZB 其他费用预算表　　　金额单位：元

序号	工程或费用名称	编制依据及计算说明	合计
1	项目建设管理费		172916
1.1	项目法人管理费	（建筑工程费+安装工程费）×3.36%	35054
1.2	招标费	（建筑工程费+安装工程费）×2.29%	23891
1.3	工程监理费	（建筑工程费+安装工程费）×6.15%	64161
1.4	设备材料监造费	监造设备购置费×0.87%	35767
1.5	施工过程造价咨询及竣工结算审核费	（建筑工程费+安装工程费）×0.88%	9181
1.6	工程保险费		4864
1.6.1	安装工程一切险	（建筑工程费+安装工程费+设备购置费）×0.07%	4279
1.6.2	建设工程合同款支付保险	（建筑工程费+安装工程费）×10%×0.45%	585
2	项目建设技术服务费		296799
2.1	项目前期工作费	（建筑工程费+安装工程费）×2.97%	30985
2.2	勘察设计费		264771
2.2.1	设计费	设计费	240701
2.2.2	三维设计费	设计费×10%	24070
2.3	电力工程技术经济标准编制费	（建筑工程费+安装工程费）×0.1%	1043
3	生产准备费		15545
3.1	工器具及办公家具购置费	（建筑工程费+安装工程费）×1.14%	11893
3.2	生产职工培训及提前进场费	（建筑工程费+安装工程费）×0.35%	3651
	合计		485260

4.4　典型方案 NX-35-E1-2 典型造价

4.4.1　典型方案

通用设计基本方案 NX-35-E1-2 主变压器规模为 2 台 10MVA 三相双绕组变压器，35kV 采用户内充气式开关柜，10kV 采用户内充气式开关柜，主变压器户外布置。

4.4.1.1　典型方案主要技术条件

对 35kV 变电站 NX-35-E1-2 方案整体设计的主要技术条件进行了详细说明，内容包括变电站电气设备安装工程、建筑工程，具体内容详见表 4-72。

表 4-72　　　　　　　典型方案 NX-35-E1-2 技术条件表

序号	项目名称	工程主要技术条件
1	主变压器	2×10MVA 三相双绕组变压器
2	出线规模	35kV 出线 2 回，电缆出线 10kV 出线 8 回，电缆出线
3	电气主接线	35kV 采用单母线接线 10kV 采用单母线分段接线
4	无功补偿	每台变压器配置 10kV 电容器 1 组，容量为 1000kvar
5	短路电流	35kV 短路电流：25kA 10kV 短路电流：31.5kA
6	主要设备选型	主变压器：三相两卷自冷有载调压变压器 35kV：采用户内气体绝缘封闭式开关柜 10kV：采用户内气体绝缘封闭式开关柜 10kV 电容器：采用框架式电容器补偿装置
7	电气总平面及配电装置	主变压器：户外布置 35kV、10kV：采用开关柜预制舱布置，单列布置 无功补偿：采用户外成套布置
8	监控系统	按无人值守设计，采用计算机监控系统，监控和远动统一考虑
9	模块化二次设备	二次设备采用预制舱布置，单列布置，二次保护屏柜采用摇架式
10	建筑部分	围墙内占地面积 1325m²，总建筑面积 50m²，设 1 座警卫室，采用单层钢框架结构，室内外设置消火栓并配置移动式灭火装置
11	站址基本条件	海拔 1000～2000m，设计基本地震加速度按 0.20g 考虑，重现期 50 年的设计基本风速 v_0=30m/s，天然地基，地基承载力特征值 f_{ak}=150kPa，无地下水影响，假设场地为同一标高

161

4.4.1.2 典型方案主要电气设备材料表

电气设备材料表划分为电气一次、电气二次两部分。

电气一次部分包括主变压器系统、各电压等级配电装置、无功补偿装置、站用电系统、电缆及附件、接地各部分。其中，主变压器系统主要包括与主变压器相连到构架前的部分设备；站用电系统中，将动力配电箱、检修箱、照明配电箱、户外照明灯具、照明电缆归入本项内；电缆及附件部分包括二次控制电缆及 1kV 电力电缆、站用电高压电力电缆、电缆支架、防火材料等；接地部分包括主接地网、接地引下线、垂直接地极等。

电气二次部分包括计算机监控系统、系统保护及安全自动装置、系统调度自动化、过程层设备、一体化电源设备、智能辅助控制系统、时间同步系统各部分。

典型方案 NX－35－E1－2 主要电气设备材料详见表 4－73。

表 4－73　　　典型方案 NX－35－E1－2 主要电气设备材料表

序号	设备名称	型号规格	单位	数量	备注
一	一次设备部分				
1	主变压器部分				
1.1	35kV 电力变压器	SZ－10000/35 三相双绕组自冷有载调压变压器 YNd11，100/100 35±3×2.5%/10.5kV $U_K\%=7.5$	台	2	
1.2	矩形铜母线	TMY－80×8	m	24	
	矩形铜母线	TMY－100×10	m	24	
1.3	母线绝缘护套	与 TMY－80×8 尺寸配套	m	24	
	母线绝缘护套	与 TMY－100×10 尺寸配套	m	24	
1.4	母线伸缩节	MS－100×10	套	6	变压器高侧出线套管
	母线伸缩节	MS－80×8	套	6	变压器低侧出线套管
1.5	支柱绝缘子	ZS－24/16	只	12	
	支柱绝缘子	ZS－40.5/6	只	12	
1.6	异形盒		个	12	

续表

序号	设备名称	型号规格	单位	数量	备注
1.7	端子箱		台	2	
1.8	动力箱		台	1	
1.9	不锈钢槽盒		m	10	
1.10	钢支架	$\phi 200$，$L=2500mm$	t	1.6	
1.11	槽钢	[10	m	50	
1.12	槽钢	[8	m	60	
1.13	钢板	—10300×300	个	24	
1.14	35kV 避雷器	YH5WZ－51/134	只	6	
1.15	10kV 避雷器	YH5WZ－17/45	只	6	
2	35kV 配电装置部分				
2.1	35kV 充气式高压开关柜	真空断路器：40.5kV，1250A，31.5kA/4s 三工位隔离开关：40.5kV，1250A，31.5kA/4s 电流互感器：300～600/5A，5P/0.2/0.2S 35kV 电压互感器：（35/$\sqrt{3}$）/0.1kV，0.5（3P） 三相带电显示装置：DXN－40.5	面	2	35kV 出线，含4只微动开关带遥信与自检功能
2.2	35kV 充气式高压开关柜	真空断路器：40.5kV，1250A，31.5kA/4s 三工位隔离开关：40.5kV，1250A，31.5kA/4s 电流互感器：200－400/5，5P/5P/0.2/0.2S 三相带电显示装置：DXN－40.5	面	2	35kV 主变压器进线，含4只微动开关带遥信与自检功能
2.3	35kV 充气式高压开关柜	真空断路器：40.5kV，1250A，31.5kA/4s 三工位隔离开关：40.5kV，1250A，31.5kA/4s 电流互感器：100/5A，5P/0.2/0.2S 三相带电显示装置：DXN－40.5	面	1	35kV 站用变出线，含4只微动开关带遥信与自检功能
2.4	35kV 充气式高压开关柜	三工位隔离开关：40.5kV，1250A，31.5kA/4s 接地开关：40.5kV，1250A，31.5kA/4s 35kV 电压互感器：（35/$\sqrt{3}$）/（0.1/$\sqrt{3}$）/（0.1/$\sqrt{3}$）/（0.1/$\sqrt{3}$）/（0.1/$\sqrt{3}$）kV，0.2/0.5/0.5/3P 氧化锌避雷器：HY5WZ－51/134 一次限流消谐器 熔断器：40.5kV，0.5A 三相带电显示装置：DXN－40.5	面	1	35kV 母线设备柜，含4只微动开关带遥信与自检功能
3	10kV 配电装置部分				
3.1	10kV 充气式高压开关柜	三工位隔离开关：12kV，1250A，31.5kA 真空断路器：12kV，1250A，31.5kA 电流互感器：800/5A，5P/5P/0.2/0.2S 三相带电显示装置：DXN－12	面	2	主变压器进线，含4只微动开关带遥信与自检功能

续表

序号	设备名称	型号规格	单位	数量	备注
3.2	10kV 充气式高压开关柜	三工位隔离开关：12kV，1250A，31.5kA 真空断路器：12kV，1250A，31.5kA 电流互感器：300～600/5A，5P/0.2/0.2S 三相带电显示装置：DXN-12	面	8	出线，含 4 只微动开关带遥信与自检功能
3.3	10kV 充气式高压开关柜	三工位隔离开关：12kV，1250A，31.5kA 真空断路器：12kV，1250A，31.5kA 电流互感器：100/5A，5P/0.2/0.2S 三相带电显示装置：DXN-12	面	2	电容器，含 4 只微动开关带遥信与自检功能
3.4	10kV 充气式高压开关柜	三工位隔离开关：12kV，1250A，31.5kA 真空断路器：12kV，1250A，31.5kA 电流互感器：100/5A，5P/0.2/0.2S 三相带电显示装置：DXN-12	面	1	站用变压器，含 4 只微动开关带遥信与自检功能
3.5	10kV 充气式高压开关柜	三工位隔离开关：12kV，1250A，31.5kA 三相带电显示装置：DXN-12	面	1	联络，含 4 只微动开关带遥信与自检功能
3.6	10kV 充气式高压开关柜	三工位隔离开关：12kV，1250A，31.5kA 真空断路器：12kV，1250A，31.5kA 电流互感器：100/5A，5P/0.2 三相带电显示装置：DXN-12	面	1	分段，含 4 只微动开关带遥信与自检功能
3.7	10kV 充气式高压开关柜	全绝缘电压互感器（一次侧带消谐装置） 额定电压比：（10/$\sqrt{3}$）/（0.1/$\sqrt{3}$）/（0.1/$\sqrt{3}$）/（0.1/$\sqrt{3}$）/（0.1/$\sqrt{3}$）kV 准确级次组合：0.2/0.5/0.5/3P 氧化锌避雷器：17/45（附在线监测器） 熔断器：12kV，0.5A 带电显示装置：DXN-12 一次消谐电阻	面	2	母线设备
4	预制舱				
4.1	一号设备预制舱	12200mm×2800mm×3300mm （L×W×H）	套	1	Ⅲ型单元拼接组成，带排风/风机
4.2	二号设备预制舱	12200mm×2800mm×3300mm （L×W×H）	套	1	Ⅲ型单元拼接组成，带排风/风机
4.3	SF$_6$ 气体监测报警系统		套	2	一号、二号各 1 套
5	10kV 电容器成套装置	TBB10-1000/334-AKW 框架式并联电容器，单台容量 334kvar，每相 1 台，共 3 台，1 串 1 并 空芯串联电抗器：电抗率 12%，容量 33.4kvar，3 台 放电容量：配套电容器容量（相），3 台 氧化锌避雷器：YH5WR-17/46，3 只 四极单接地隔离开关：12kV，1250A 带钢支架，1 组 其他附件：支柱绝缘子、围栏、连接线、金具、中性点电缆等 端子箱：JXW-3，不锈钢外壳，悬挂式	套	2	

序号	设备名称	型号规格	单位	数量	备注
6	站用一体化电源系统				
6.1	35kV 站用变压器（油浸式）	S－100/35，35±2×2.5%/0.4，Dyn11，$U_k=6.5\%$	台	1	
6.2	10kV 站用变压器（油浸式）	S－10/0.4，100kVA，Dyn11，$U_k=4\%$	台	1	
6.3	过电压保护器	SCLP－10	只	6	
6.4	矩形铜母线	TMY－80×8	m	8	
6.5	热缩套	与 TMY－80×8 配套	m	8	
7	导体及导线材料				
7.1	电力电缆	YJV－26/35－1×185	m	250	主变压器高压侧
7.2	电力电缆	YJV－8.7/15－1×400	m	200	主变压器低压侧
7.3	电力电缆	YJV－26/35－1×120	m	230	用于 35kV 站用变压器
7.4	电力电缆	YJV－8.7/15－3×120	m	75	用于 1 号电容器出线柜
7.5	电力电缆	YJV－8.7/15－3×120	m	100	用于 2 号电容器出线柜
7.6	电力电缆	YJV－8.7/15－3×120	m	100	用于 10kV 站用变压器
7.7	35kV 冷缩电缆终端	导体截面 $1\times185mm^2$	套	12	用于主变压器 35kV 侧，户内、户外各 3 套
7.8	10kV 冷缩电缆终端	导体截面 $1\times400mm^2$	套	12	用于主变压器 10kV 侧，户内、户外各 3 套
7.9	35kV 冷缩电缆终端	导体截面 $1\times120mm^2$	套	6	用于 1 号站用变压器侧，户内、户外各 3 套
7.10	10kV 冷缩电缆终端	导体截面 $3\times120mm^2$	套	6	用于 2 号站用变压器高压侧、电容器侧，户内、户外各 1 套
7.11	电力电缆	ZR－VV22－1－5×10	m	50	至配电箱
7.12	塑料绝缘线	BV－0.5－3×4	m	630	配电箱至照明灯
8	防雷、接地、照明材料				
8.1	热镀锌扁钢	—60×8	m	900	用于接地干、支线
8.2	热镀锌钢管	$\phi50$，$L=2500mm$	根	36	

序号	设备名称	型号规格	单位	数量	备注
8.3	导电防腐涂料		kg	100	
8.4	接地铜排	TMY－30×4	m	150	
8.5	热缩套	与—30×4 铜排配套	m	150	
8.6	接地端子盒		套	12	
8.7	塑料绝缘线	BV－120 带接线鼻子	m	100	
8.8	塑料绝缘线	BV－4 带接线鼻子	m	800	
8.9	配电箱	LPZ30－30	面	2	辅助房动力及照明
8.10	投光灯	交流 220V	套	6	设备场地照明
8.11	太阳能座灯	1×20W 节能灯	套	2	大门门柱
8.12	庭院灯	1×20W 节能灯	套	5	站区场地照明
8.13	荧光灯	2×40W 节能灯	套	4	辅助房照明
8.14	单动开关		套	4	
8.15	塑料绝缘线	BV－0.5－4	m	630	
8.16	有机防火堵料	FZD－II（1850kg/m³）	kg	700	
8.17	酸性氨基电缆防火涂料	A60－Q（2kg/m²）	kg	500	根据防火要求所有电缆均需涂防火涂料
8.18	防火发泡砖	240mm×120mm×60mm	块	1400	
8.19	防火发泡砖	240mm×120mm×30mm	块	600	
8.20	防火隔板	$\delta=15$	m²	20	
8.21	火焰探测器		套	2	安装于主变压器侧
8.22	不锈钢防火槽盒	200mm×100mm	m	485	
8.23	电缆支架		t	2.0	
8.24	U－PVC 管	$\phi160$	m	14	
8.25	碳素波纹管	与 $\phi160$U－PVC 管配套	m	5	
8.26	U－PVC 管	$\phi110$	m	15	
8.27	碳素波纹管	与 $\phi110$U－PVC 管配套	m	4.5	
8.28	U－PVC 管	$\phi75$	m	90	
8.29	碳素波纹管	与 $\phi75$U－PVC 管配套	m	8	
8.30	镀锌钢管	$\phi65$	m	12	
8.31	防腐金属软管	与 $\phi65$ 镀锌钢管配套	m	3	
8.32	镀锌钢管	$\phi32$	m	168	

续表

序号	设备名称	型号规格	单位	数量	备注
8.33	防腐金属软管	与φ32镀锌钢管配套	m	45	
8.34	镀锌小煤气管	φ32	m	280	
二	二次设备部分				
9	一次设备在线监测	包含以下设备			
9.1	主变压器在线监测IED		套	1	
9.2	主变压器数字化油温计、油位计		只	4	
9.3	35/10kV 充气开关柜配置数字化表计IED		套	1	
9.4	SF₆ 气体密度远传表计				表计由充气柜设备厂家提供，按间隔配置
10	一体化电源系统		套	1	
10.1	智能交流电源系统	智能交流电源系统，含交流进线柜 1 面（含 ATS 装置）、交流馈线柜 1 面	套	1	
10.2	第一组并联型直流电源系统	第一组并联型直流电源系统，含直流电源柜 2 面、直流馈线柜 1 面	套	1	
10.3	第二组并联型直流电源系统	第二组并联型直流电源系统，含直流电源柜 2 面	套	1	
10.4	UPS 电源柜	UPS 电源柜 1 面，UPS 装置 1×10kVA	套	1	
10.5	低压电力电缆	ZR－YJV22－4×95	m	300	
10.6	1kV 电缆终端	包括铜接线鼻子	套	4	
11	电缆、光缆及网络线				
11.1	电力电缆	YJV－26/35－1×185	m	250	主变压器高压侧
	电力电缆	YJV－8.7/15－1×400	m	200	主变压器低压侧
	电力电缆	YJV－26/35－1×120	m	230	用于35kV 站用变压器
	电力电缆	YJV－8.7/15－3×120	m	75	用于1号电容器出线柜
	电力电缆	YJV－8.7/15－3×120	m	100	用于2号电容器出线柜
	电力电缆	YJV－8.7/15－3×120	m	100	用于10kV 站用变压器
11.2	35kV 冷缩电缆终端	导体截面 1×185mm²	套	12	用于主变压器35kV 侧，户内、户外各3套

序号	设备名称	型号规格	单位	数量	备注
11.3	10kV 冷缩电缆终端	导体截面 1×400mm²	套	12	用于主变压器 10kV 侧，户内、户外各 3 套
11.4	35kV 冷缩电缆终端	导体截面 1×120mm²	套	6	用于 1 号站用变压器侧，户内、户外各 3 套
11.5	10kV 冷缩电缆终端	导体截面 3×120mm²	套	6	用于 2 号站用变高压侧、电容器侧，户内、户外各 1 套
11.6	电力电缆	ZR－VV22－1－5×10	m	50	至配电箱
11.7	塑料绝缘线	BV－0.5－3×4	m	630	配电箱至照明灯
11.8	控制电缆	ZR－KYJVP2－22－450/750－4×4'	km	3	
	控制电缆	ZR－KYJVP2－22－450/750－7×2.5	km	1	
	控制电缆	ZR－KYJVP2－22－450/750－4×2.5	km	1	
	控制电缆	ZR－KYJVP2－22－450/750－7×4	km	2	
	控制电缆	ZR－KYJVP2－22－450/750－10×2.5	km	1	
11.9	以太网线		km	2	
11.10	屏蔽双绞线		km	0.5	
12	监控系统设备				
12.1	监控主机柜	集成"五防"、数据服务器功能，具备小电流接地选线功能，PDU 插座 2 只（6 孔插座）	面	1	
12.2	智能防误主机柜	智能防误主机 1 台，PDU 插座 2 只（6 孔插座）	面	1	
12.3	35kV 公用测控及对时柜	含公用测控装置 2 台、对时装置 1 台	面	1	
12.4	主变压器保护测控柜	含差动保护装置 1 套、后备保护测控装置 2 套、非电量保护装置（含操作箱）1 套、主变压器测控装置 1 套、温度显示器 2 套、档位控制器 1 套	面	2	
12.5	Ⅰ区数据通信网关机柜	站控层交换机（24 电＋4 光）2 台，远动装置 2 套，规约转换装置 1 套	面	1	
12.6	Ⅱ区综合应用服务器柜	含综合应用服务器 1 台，Ⅱ区数据通信网关机 1 台，Ⅱ区站控层交换机 1 台，防火墙 1 台，正、反向隔离装置各 1 台	面	1	
12.7	调度数据网柜	含 2 套调度数据网设备（路由器 2 台，交换机 4 台，加密装置 4 台，Ⅱ型网络安全监测装置 1 台），4 只 PDU 插座（6 插孔）	面	1	

序号	设备名称	型号规格	单位	数量	备注
12.8	综合信息数据网柜	含综合信息数据网路由器、交换机、电能量采集终端	面	1	
12.9	辅助设备智能控制系统柜	含变电站视频监控终端 1 套、Ⅳ区数据通信网关机 1 台	面	1	
12.10	通信机光端机柜	含混合接入设备、SDH 设备、IAD 设备（2260mm×600mm×600mm）	面	1	
12.11	综合配线架柜	光配 96 芯，数配 20 系统，音频 100 线（2260mm×600mm×600mm）	面	1	
12.12	间隔层交换机	含 24 电口 4 光口	台	3	
12.13	35kV 备自投保护装置	就地安装于 35kV 1 号进线柜	套	1	
12.14	35kV 线路过电流保护测控装置	就地安装于 35kV 1、2 号进线柜	套	2	
12.15	35kV 母线测控装置	就地安装于 35kV 主变压器进线柜	套	1	
12.16	10kV 母线测控装置	就地安装于 10kV 母线设备柜	套	1	
12.17	35kV 站用变压器保护装置	就地安装于 35kV 站用变压器柜	套	1	
12.18	35kV TV 重动并列装置	就地安装于 35kV 母线设备柜	套	1	
12.19	10kV 线路保护测控装置	就地安装于 10kV 出线柜	套	4	
12.20	10kV 母联保护测控装置	就地安装于 10kV 母联柜	套	1	
12.21	10kV 备自投保护装置	就地安装于 10kV 母联柜	套	1	
12.22	10kV 电容器保护测控装置	就地安装于 10kV 电容器柜	套	1	
12.23	10kV TV 重动并列装置	就地安装于 10kV 联络柜	套	1	
12.24	35kV 公用测控装置	一键顺控系统	套	1	
12.25	10kV 公用测控装置	一键顺控系统	套	1	
13	调度自动化设备				
13.1	电能表				
	35kV 线路电能表（考核）	三相三线制，有功精度 0.5S 级，无功精度 2.0 级；3×100V，1.5（6）A	块	2	
	35kV 站用变压器电能表（考核）	三相三线制，有功精度 0.5S 级，无功精度 2.0 级；3×100V，1.5（6）A	块	1	
	主变压器高压侧电能表（考核）	三相三线制，有功精度 0.5S 级，无功精度 2.0 级；3×100V，1.5（6）A	块	2	

序号	设备名称	型号规格	单位	数量	备注
	主变压器低压侧电能表（考核）	三相三线制，有功精度 0.5S 级，无功精度 2.0 级；3×100V，1.5（6）A	块	2	
	10kV 线路电能表（关口）	三相三线制，有功精度 0.5S 级，无功精度 2.0 级；3×100V，1.5（6）A	块	8	
	10kV 电容器电能表（考核）	三相三线制，有功精度 0.5S 级，无功精度 2.0 级；3×100V，1.5（6）A	块	2	
	0.4kV 站用电电能表（考核）	三相四线制，有功精度 0.5S 级，无功精度 2.0 级；3×220/380V，1.5（6）A	块	2	
13.2	电能量采集设备				
	电能量远方终端		台	1	
	电源防雷器		个	1	
13.3	电力调度数据网接入设备				
	路由器	最少槽位：无槽位，双 CPU 端口：E1-4，百兆电≥16 最小整机包转发率：1Mbit/s	台	2	
	交换机	三层交换机，千兆电≥24，千兆光≥2，最小整机包转发率：96Mbit/s	台	4	
13.4	二次安全防护设备				
	纵向加密认证装置	性能：百兆 最少电口数量：4 明文数据包吞吐量：195Mbit/s 密文数据包吞吐量：195Mbit/s	台	4	
	Ⅱ型网络安全监测装置	安装于电力调度数据网接入设备柜	套	1	
	防火墙		台	1	
	正向隔离装置		台	1	
	反向隔离装置		台	1	
13.5	安装材料				
	2M 线		m	20	
13.6	信息系统安全评价及保护测评		项	1	
	屏体		面	1	2260mm×800mm×600mm
13.7	综合信息数据网柜		面	1	
	路由器		台	1	
	交换机		台	1	
	单模光模块	40km	块	1	

序号	设备名称	型号规格	单位	数量	备注
	多模光模块	0.5km	块	2	
	安装附件及其他		套	1	
14	辅助设备智能控制系统				
14.1	安全防卫子系统		套	1	
14.2	智能巡视子系统		套	1	
14.3	动环子系统		套	1	
14.4	智能锁控子系统		套	1	
14.5	火灾消防子系统		套	1	

4.4.1.3　典型方案建筑工程量表

建筑工程量清册划分为总图、建筑物、构筑物、水工及消防、暖通五部分。

总图部分建筑工程量包括站区占地面积、站区道路面积、站区围墙长度、地坪面积、站区内建筑面积、站区电缆沟长度、大门、标识墙和独立避雷针各项。

建筑物部分分为建筑和结构两部分。建筑部分包括配电室的建筑面积、建筑体积、地面工程、屋面工程、楼面工程、墙体工程等各项。结构部分包括钢筋混凝土屋面板面积、钢柱、钢梁、基础四项。

构筑物部分包括室外主变压器及各电压等级配电装置构架、设备支架、设备基础等各项。

典型方案 NX-35-E1-2 建筑工程量详见表 4-74。

表 4-74　　　典型方案 NX-35-E1-2 建筑工程量表

序号	建筑工程量名称	型号及规格	单位	数量	备注
一	总图部分				
1	站区围墙内占地面积		m²	1325	
2	站区围墙长度		m	152	结构型式：装配式围墙 墙体高度：2.3m
3	围墙大门	电动自动伸缩门	m²	10.5	
4	站区道路		m²	259.6	

序号	建筑工程量名称	型号及规格	单位	数量	备注
5	站区沟道				
5.1	电缆沟	1.1m×1m	m	78.6	围墙内室外预制电缆沟
二		建筑物部分			
1	1、2 号设备预制舱				
1.1	建筑部分				
1.1.1	设备预制舱基础		m³	66.18	2 座
2	辅助用房				
2.1	建筑部分		m²	50	
2.1.1	地面面层		m²	40.96	普通地面砖
2.1.2	屋面保温	聚苯乙烯隔热保温板	m²	40.96	
2.1.3	屋面防水	高分子防水涂膜防水屋面	m²	53.50	
2.1.4	外墙（外墙装饰）	纤维水泥板＋岩棉＋双层防火石膏板	m²	98.88	
2.1.5	内墙	轻钢龙骨石膏板内隔墙	m²	67.72	
2.2	结构部分				
2.2.1	钢柱	H 型钢	t	1.89	
2.2.2	钢梁	H 型钢	t	2.989	
2.2.3	屋面板面积		m²	40.96	
2.2.4	基础	C30 钢筋混凝土	m³	25.24	
三		构筑物部分			
1	主变压器构支架及基础				
1.1	构支架及基础		t	0.362	
1.2	主变压器基础	C30 钢筋混凝土	m³	10.912	
1.3	主变压器油池		m³	74.97	净空容积
1.4	事故油池		m³	15	有效容积
1.5	电容器基础	C30 钢筋混凝土	m³	28.38	2 座
1.6	独立避雷针塔		t	2.267	
四		水工及消防部分			
1	给水井	φ1000 圆形混凝土砌块井	座	1	
2	化粪池	成品环保化粪池	座	1	
3	排水检查井	φ1000 圆形混凝土砌块井	座	11	
4	污水检查井	φ1000 圆形混凝土砌块井	座	2	

续表

序号	建筑工程量名称	型号及规格	单位	数量	备注
5	站区室外给水管	De40 PP－R 管	m	20	
6	站区室外排油管	$\phi200\times5$ 镀锌无缝钢管	m	20	
7	站区室外排水管	DN300 HDPE 双壁波纹管	m	175	
8	推车式干粉灭火器	50kg	个	2	
9	手提式干粉灭火器	5kg	个	12	
10	手提式干粉灭火器	8kg	个	4	
11	消防器材柜		个	1	
12	消防沙箱		个	2	
13	消防铅桶		个	8	
五	暖通部分				
1	消防高温排烟轴流风机		台	12	
2	壁挂式轴流风机		台	4	
3	柜式空调	3P	台	4	
4	电暖气	1kW	组	4	

4.4.1.4 典型方案预算书

预算投资为静态投资。典型方案 NX－35－E1－2 预算书包括总预算表、安装工程汇总预算表、建筑工程专业汇总预算表、其他费用预算表，详见表 4－75～表 4－78。

表 4－75 　　　　　典型方案 NX－35－E1－2 总预算表 　　　　金额单位：万元

序号	工程或费用名称	建筑工程费	设备购置费	安装工程费	其他费用	合计	各项占静态投资（%）	单位投资（元/kVA）
一	主辅生产工程	215	1131	240		1586	79.18	793
1	主要生产工程	121	1131	240		1492	74.49	746
2	辅助生产工程	94				94	4.69	47
二	与站址有关的单项工程	72		30		102	5.09	51
	小计	287	1131	270		1688	84.27	844
三	其中：编制基准期价差	30		8		38	1.9	19
四	其他费用				295	295	14.73	147.5

续表

序号	工程或费用名称	建筑工程费	设备购置费	安装工程费	其他费用	合计	各项占静态投资（%）	单位投资（元/kVA）
1	其中：建设场地征用及清理费				20	20		
五	基本预备费				20	20	1	10
六	特殊项目							
	工程静态投资	287	1131	270	315	2003	100	1001.5
	各项占静态投资的比例（%）	14	56	13	16	100		

表 4-76　　典型方案 NX-35-E1-2 安装工程汇总预算表　　金额单位：元

序号	工程或费用名称	设备购置费	安装工程费			合计
			装置性材料	安装	小计	
	安装工程	11308492	844341	1851691	2696032	14004524
一	主要生产工程	11308492	844341	1551691	2396032	13704524
1	主变压器系统	1509114	60800	124453	185253	1694367
1.1	主变压器	1509114	60800	124453	185253	1694367
2	配电装置	5517152		119368	119368	5636519
2.1	屋内配电装置	5517152		119368	119368	5636519
2.1.1	35kV 配电装置	1654904		43289	43289	1698193
2.1.2	10kV 配电装置	3862248		76079	76079	3938326
3	无功补偿	164544	4331	34558	38889	203433
3.1	低压电容器	164544	4331	34558	38889	203433
3.1.1	10kV 低压电容器	164544	4331	34558	38889	203433
4	控制及直流系统	3042571	72308	119175	191483	3234053
4.1	计算机监控系统	1184836		43096	43096	1227932
4.1.1	计算机监控系统	1184836		43096	43096	1227932
4.2	直流系统及 UPS	402800	72308	39770	112078	514878
4.3	智能辅助控制系统	850734		28500	28500	879234
4.4	在线监测系统	604200		7809	7809	612009
5	站用电系统	118323	30995	40083	71078	189400
5.1	站用变压器	118323		11641	11641	129963

续表

序号	工程或费用名称	设备购置费	安装工程费			合计
			装置性材料	安装	小计	
5.2	站区照明		30995	28442	59437	59437
6	电缆及接地		667344	598273	1265617	1265617
6.1	全站电缆		604111	518015	1122126	1122126
6.1.1	电力电缆		298313	201939	500252	500252
6.1.2	控制电缆		142895	113447	256342	256342
6.1.3	电缆辅助设施		96194	149607	245800	245800
6.1.4	电缆防火		66709	53022	119732	119732
6.2	全站接地		63233	80258	143491	143491
7	通信及远动系统	956790	8563	41769	50332	1007122
7.1	通信系统	469905	3513	24506	28020	497925
7.2	远动及计费系统	486885	5050	17263	22313	509197
8	全站调试			474014	474014	474014
8.1	分系统调试			155525	155525	155525
8.2	整套启动调试			18621	18621	18621
8.3	特殊调试			299868	299868	299868
二	与站址有关的单项工程			300000	300000	300000
1	站外电源			300000	300000	300000
1.1	站外电源线路			300000	300000	300000
	合计	11308492	844341	1851691	2696032	14004524

表4-77　　典型方案 NX-35-E1-2 建筑工程专业汇总预算表　　金额单位：元

序号	工程或费用名称	建筑费	设备费	建筑工程费合计
	建筑工程	2808989	63400	2872389
一	主要生产工程	1160146	54000	1214146
1	主要生产建筑	380055	54000	434055
1.1	预制仓（一）	190027	27000	217027
1.1.1	一般土建	187597		187597
1.1.2	采暖、通风及空调	2430	27000	29430
1.2	预制仓（二）	190027	27000	217027
1.2.1	一般土建	187597		187597

序号	工程或费用名称	建筑费	设备费	建筑工程费合计
1.2.2	采暖、通风及空调	2430	27000	29430
2	配电装置建筑	748179		748179
2.1	主变压器系统	210360		210360
2.1.1	构支架及基础	8252		8252
2.1.2	主变压器设备基础	32915		32915
2.1.3	主变压器油坑及卵石	139631		139631
2.1.4	15m³事故油池	29562		29562
2.2	低压电容器	45892		45892
2.3	低压电抗器	53914		53914
2.4	避雷针塔	59420		59420
2.5	电缆沟道	275789		275789
2.6	栏栅及地坪	102804		102804
3	供水系统	18700		18700
3.1	站区供水管道	18700		18700
4	消防系统	13213		13213
4.1	消防器材	13213		13213
二	辅助生产工程	929410	9400	938810
1	辅助生产建筑	315806	9400	325206
1.1	警卫室	315806	9400	325206
1.1.1	一般土建	303134		303134
1.1.2	采暖、通风及空调	558	6200	6758
1.1.3	照明	7510	3200	10710
1.1.4	给排水	4604		4604
2	站区性建筑	607371		607371
2.1	站区道路及广场	84546		84546
2.2	站区排水	112261		112261
2.2.1	排水管道	79402		79402
2.2.2	雨、污水检查井	26530		26530
2.2.3	化粪池	6329		6329
2.3	站区投光灯	4091		4091

序号	工程或费用名称	建筑费	设备费	建筑工程费合计
2.4	围墙及大门	406473		406473
3	全站沉降观测点	6234		6234
三	与站址有关的单项工程	719433		719433
1	防腐	49433		49433
2	站外道路	320000		320000
2.1	道路路面	320000		320000
3	站外水源	250000		250000
4	站外排水	100000		100000
	合计	2808989	63400	2872389

表 4-78　　　　　　典型方案 NX-35-E1-2 其他费用预算表　　　　金额单位：元

序号	工程或费用名称	编制依据及计算说明	合计
1	建设场地征用及清理费		198651
2	项目建设管理费		845708
2.1	项目法人管理费	（建筑工程费＋安装工程费）×3.73%	207702
2.2	招标费	（建筑工程费＋安装工程费）×2.29%	127517
2.3	工程监理费	（建筑工程费＋安装工程费）×7.75%	431553
2.4	设备材料监造费	监造设备购置费×0.87%	15149
2.5	施工过程造价咨询及竣工结算审核费	（建筑工程费＋安装工程费）×0.88%	49002
2.6	工程保险费		14785
2.6.1	安装工程一切险	（建筑工程费＋安装工程费＋设备购置费）×0.07%	11814
2.6.2	建设工程合同款支付保险	（建筑工程费＋安装工程费）×10%×0.45%	2971
3	项目建设技术服务费		1792589
3.1	项目前期工作费		793000
3.1.1	可行性研究费用		140000
3.1.2	环境影响评价费用		56000
3.1.3	建设项目规划选址费		70000
3.1.4	水土保持方案编审费用		70000
3.1.5	地质灾害危险性评估费用		56000
3.1.6	地震安全性评价费用		105000

续表

序号	工程或费用名称	编制依据及计算说明	合计
3.1.7	文物调查费用		35000
3.1.8	矿产压覆评估费用		35000
3.1.9	用地预审费用		70000
3.1.10	节能评估费用		35000
3.1.11	社会稳定风险评估费用		70000
3.1.12	使用林地可行性研究费用		21000
3.1.13	土地复垦报告编制费用		30000
3.2	勘察设计费		781362
3.2.1	勘察费		150000
3.2.2	设计费		573965
3.2.3	三维设计费		57397
3.3	设计文件评审费		104400
3.3.1	可行性研究文件评审费		20400
3.3.2	初步设计文件评审费		36000
3.3.3	施工图文件评审费		48000
3.4	工程建设检测费		108259
3.4.1	电力工程质量检测费	（建筑工程费＋安装工程费）×0.28%	15592
3.4.2	环境监测及环境保护验收费		37667
3.4.3	水土保持监测及验收费		55000
3.5	电力工程技术经济标准编制费	（建筑工程费＋安装工程费）×0.1%	5568
4	生产准备费		114153
4.1	工器具及办公家具购置费	（建筑工程费＋安装工程费）×1.35%	75174
4.2	生产职工培训及提前进场费	（建筑工程费＋安装工程费）×0.7%	38979
	合计		2951100

4.4.2 子模块

4.4.2.1 子模块主要技术条件

35kV 变电站典型方案 NX－35－E1－2 有 2 个子模块，分别为：

增减一台主变压器（10MVA，双绕组）NX－35－E1－2－ZB；

增减一组 10kV 电容器 NX－35－E1－2－10C。

典型方案 NX－35－E1－2 子模块技术条件详见表 4－79。

表 4－79　　　典型方案 NX－35－E1－2 了模块技术条件

序号	子模块名称	子模块技术条件
一	增减一台主变压器（10MVA，双绕组）NX－35－E1－2－ZB	
1	规模	1×10MVA 三相双绕组变压器 主变压器间隔 35kV、10kV 侧进线间隔
2	接线	35kV 单母线接线 10kV 单母线分段接线
3	主要设备型式	三相双绕组主变压器 35kV：采用户内气体绝缘封闭式开关柜，电缆出线 10kV：采用户内气体绝缘封闭式开关柜，电缆出线
4	配电装置型式	35kV、10kV：采用开关柜预制舱布置，单列布置
二	增减一组 10kV 电容器 NX－35－E1－2－10C	
1	规模	增减一台 10kV 电容器组
2	接线	单母线
3	主要设备型式	采用 10kV 户外电容器 1000kvar
4	配电装置型式	采用 10kV 电容器户外成套集合式，制造厂成套，电缆引接

4.4.2.2　子模块主要电气设备材料表

典型方案 NX－35－E1－2 子模块主要电气设备材料详见表 4－80。

表 4－80　　　典型方案 NX－35－E1－2 子模块主要电气设备材料表

序号	设备名称	型号规格	单位	数量	备注
一	增减一台主变压器（10MVA，双绕组）NX－35－E1－2－ZB				
1	主变压器部分				
1.1	35kV 电力变压器	SZ－10000/35 三相双绕组自冷有载调压变压器 YNd11，100/100 35±3×2.5%/10.5kV U_K（%）＝7.5%	台	1	
1.2	35kV 避雷器	YH5WZ－51/134	只	3	
1.3	10kV 避雷器	YH5WZ－17/45	只	3	
1.4	矩形铜母线	TMY－80×8	m	12	
1.5	矩形铜母线	TMY－100×10	m	12	

序号	设备名称	型号规格	单位	数量	备注
1.6	母线绝缘护套	与 TMY－80×8 尺寸配套	m	12	
1.7	母线绝缘护套	与 TMY－100×10 尺寸配套	m	12	
1.8	母线伸缩节	MS－100×10	套	3	变压器高侧出线套管
1.9	母线伸缩节	MS－80×8	套	3	变压器低侧出线套管
1.10	支柱绝缘子	ZS－24/16	只	6	
1.11	支柱绝缘子	ZS－40.5/6	只	6	
1.12	异形盒		个	6	
1.13	不锈钢槽盒		m	5	
1.14	钢支架	$\phi200$，$L=2500mm$	t	0.8	
2	35kV 配电装置部分				
2.1	35kV 充气式高压开关柜	真空断路器：40.5kV，1250A，31.5kA/4s 三工位隔离开关：40.5kV，1250A，31.5kA/4s 电流互感器：200～400/5，5P/5P/0.2/0.2S 三相带电显示装置：DXN－40.5	面	1	35kV 主变压器进线，含 4 只微动开关带遥信与自检功能
3	10kV 配电装置部分				
3.1	10kV 充气式高压开关柜	三工位隔离开关：12kV，1250A，31.5kA 真空断路器：12kV，1250A，31.5kA 电流互感器：800/5A，5P/5P/0.2/0.2S 三相带电显示装置：DXN－12	面	1	主变压器进线，含 4 只微动开关带遥信与自检功能
4	导体及导线材料				
4.1	阻燃控制电缆	直流电缆、主变压器	m	800	
4.2	光缆	24 芯层绞多模光缆	m	200	
4.3	光纤跳线、尾缆		m	100	
4.4	通信电缆	超五类通信线、屏蔽双绞线等	m	100	
4.5	铜缆	$50mm^2$	m	10	
4.6	铜缆	$120mm^2$	m	10	
4.7	光纤熔接点		个	50	
4.8	光缆槽盒		m	10	
5	电缆防火				
5.1	防火隔板		m^2	5	
5.2	防火涂料		kg	40	
5.3	防火堵料		kg	40	
6	计算机监控系统				

续表

序号	设备名称	型号规格	单位	数量	备注
6.1	站控层设备				
	"五防"锁具	1 台主变压器三侧电编码锁、就地挂锁等锁具	套	1	
7	系统保护及安全自动装置				
7.1	主变压器保护测控柜	每面含 1 套主变压器保护、1 套高后备保护测控一体化装置、1 套中后备保护测控一体化装置、1 套低后备保护测控一体化装置、光纤配线子单元、盘线架等	面	1	
8	系统调度自动化				
8.1	电能计量				
	数字式电能表	接受电流电压采样值	只	2	
9	智能辅助控制系统				
9.1	图像监视及安全警卫子系统		套	1	
二	增减一组 10kV 电容器 NX－35－E1－2－10C				
1	无功补偿装置				
1.1	10kV 电容器成套装置	TBB10－1000/334－AKW 框架式并联电容器，单台容量 334kvar，每相 1 台，共 3 台，1 串 1 并 空心串联电抗器，电抗率 12%，容量 33.4kvar，3 台 放电容量：配套电容器容量（相），3 台 氧化锌避雷器：YH5WR－17/46，3 只 四极单接地隔离开关：12kV，1250A 带钢支架，1 组 其他附件：包括支柱绝缘子、围栏、连接线、金具、中性点电缆等 端子箱：JXW－3，不锈钢外壳，悬挂式	套	1	户外电容器组
1.2	电力电缆	YJV22－8.7/15－3×300	m	60	
1.3	电缆附件	12kV，冷缩型三芯电缆终端组件，开关柜内用 配合 YJV22－8.7/15－3×240 使用 爬电距离：240mm	套	2	
1.4	电缆附件	12kV，冷缩型三芯电缆终端组件，户外用 配合 YJV22－8.7/15－3×240 使用 爬电距离：240mm	套	2	
1.5	电缆保护管	150mm	m	20	
1.6	低压电缆	1kV	m	80	
2	10kV 配电装置				

续表

序号	设备名称	型号规格	单位	数量	备注
2.1	10kV 充气式高压开关柜	三工位隔离开关：12kV，1250A，31.5kA 真空断路器：12kV，1250A，31.5kA 电流互感器：100/5A，5P/0.2/0.2S 三相带电显示装置：DXN-12	面	1	电容器，含4只微动开关带遥信与自检功能
3	计算机监控系统				
3.1	站控层设备				
	"五防"锁具	1只电编码锁、1只就地挂锁等锁具	套	1	
3.2	间隔层设备				
	10kV 电容器保护测控计量一体化装置		台	1	就地安装于开关柜
4	安装材料				
4.1	控制电缆		m	200	
4.2	通信电缆	超五类通信线、屏蔽双绞线等	m	30	
4.3	铜缆	50mm²	m	10	
5	电缆防火				
5.1	防火隔板		m²	3	
5.2	防火涂料		kg	20	
5.3	防火堵料		kg	20	

4.4.2.3　子模块建筑工程量表

典型方案 NX-35-E1-2 子模块建筑工程量详见表 4-81。

表 4-81　　典型方案 NX-35-E1-2 子模块建筑工程量表

编号	名称	规格	单位	数量	备注
一	增减一台主变压器（10MVA，双绕组）NX-35-E1-2-ZB				
1	主变压器基础及油坑				
1.1	主变压器基础	C30 钢筋混凝土	m³	8.096	
1.2	主变压器油坑		m³	37.485	净空容积
2	主变压器构支架及基础				
2.1	构支架		t	0.181	
二	增减一组 10kV 电容器 NX-35-E1-2-10C				
1	电容器基础	C30 钢筋混凝土	组	1	
2	围栏		组	1	

4.4.2.4　子模块预算书

典型方案 NX−35−E1−2 子模块总预算表、安装工程汇总预算表、建筑工程专业汇总预算表、其他费用预算表分别见表 4−82～表 4−89。

表 4−82　　　　　　　　子模块 NX−35−E1−2−ZB 总预算表　　　　金额单位：万元

序号	工程或费用名称	建筑工程费	设备购置费	安装工程费	其他费用	合计	各项占静态投资（%）
一	主辅生产工程	9	147	22		178	91.28
1	主要生产工程	9	147	22		178	91.28
2	辅助生产工程						
二	与站址有关的单项工程						
	小计	9	147	22		178	91.28
三	其中：编制基准期价差			1		1	0.51
四	其他费用				15	15	7.69
1	其中：建设场地征用及清理费						
五	基本预备费				2	2	1.03
六	特殊项目						
	工程静态投资	9	147	22	17	195	100

表 4−83　　　　子模块 NX−35−E1−2−ZB 安装工程汇总预算表　　　　金额单位：元

序号	工程或费用名称	设备购置费	安装工程费			合计
			装置性材料	安装	小计	
	安装工程	1466808	42243	182188	224431	1691239
一	主要生产工程	1466808	42243	182188	224431	1691239
1	主变压器系统	739452	23118	52154	75272	814724
1.1	主变压器	739452	23118	52154	75272	814724
2	配电装置	514074		12423	12423	526497
2.1	屋内配电装置	514074		12423	12423	526497
2.1.1	35kV 配电装置	310055		8588	8588	318643
2.1.2	10kV 配电装置	204018		3836	3836	207854
3	控制及直流系统	209255		6254	6254	215509
3.1	计算机监控系统	3021		109	109	3130

续表

序号	工程或费用名称	设备购置费	安装工程费			合计
			装置性材料	安装	小计	
3.1.1	计算机监控系统	3021		109	109	3130
3.2	继电保护	105534		6145	6145	111679
3.3	智能辅助控制系统	100700				100700
4	电缆及接地		19125	52865	71990	71990
4.1	全站电缆		19125	52865	71990	71990
4.1.1	控制电缆		16117	45856	61974	61974
4.1.2	电缆防火		3008	7008	10016	10016
5	通信及远动系统	4028		152	152	4180
5.1	远动及计费系统	4028		152	152	4180
6	全站调试			58340	58340	58340
6.1	分系统调试			35425	35425	35425
6.2	整套启动调试			9432	9432	9432
6.3	特殊调试			13483	13483	13483
	合计	1466808	42243	182188	224431	1691239

表 4-84   子模块 NX-35-E1-2-ZB 建筑工程专业汇总预算表   金额单位：元

序号	工程或费用名称	建筑费	设备费	建筑工程费合计
	建筑工程	90245		90245
一	主要生产工程	90245		90245
1	配电装置建筑	90245		90245
1.1	主变压器系统	90245		90245
1.1.1	构支架及基础	2178		2178
1.1.2	主变压器设备基础	19411		19411
1.1.3	主变压器油坑及卵石	68656		68656
	合计	90245		90245

表 4-85   子模块 NX-35-E1-2-ZB 其他费用预算表   金额单位：元

序号	工程或费用名称	编制依据及计算说明	合计
1	项目建设管理费		52955
1.1	项目法人管理费	（建筑工程费+安装工程费）×3.36%	10573

续表

序号	工程或费用名称	编制依据及计算说明	合计
1.2	招标费	（建筑工程费＋安装工程费）×2.29%	7206
1.3	工程监理费	（建筑工程费＋安装工程费）×7.75%	24387
1.4	设备材料监造费	监造设备购置费×0.87%	6376
1.5	施工过程造价咨询及竣工结算审核费	（建筑工程费＋安装工程费）×0.88%	3000
1.6	工程保险费		1413
1.6.1	安装工程一切险	（建筑工程费＋安装工程费＋设备购置费）×0.07%	1247
1.6.2	建设工程合同款支付保险	（建筑工程费＋安装工程费）×10%×0.45%	166
2	项目建设技术服务费		90898
2.1	项目前期工作费	（建筑工程费＋安装工程费）×2.97%	9346
2.2	勘察设计费		81237
2.2.1	设计费		73852
2.2.2	三维设计费		7385
2.3	电力工程技术经济标准编制费	（建筑工程费＋安装工程费）×0.1%	315
3	生产准备费		4689
3.1	工器具及办公家具购置费	（建筑工程费＋安装工程费）×1.14%	3587
3.2	生产职工培训及提前进场费	（建筑工程费＋安装工程费）×0.35%	1101
合计			148541

表4-86   子模块 NX-35-E1-2-10C 总预算表   金额单位：万元

序号	工程或费用名称	建筑工程费	设备购置费	安装工程费	其他费用	合计	各项占静态投资（%）
一	主辅生产工程	4	33	12		49	87.5
1	主要生产工程	4	33	12		49	87.5
2	辅助生产工程						
二	与站址有关的单项工程						
	小计	4	33	12		49	87.5
三	其中：编制基准期价差						
四	其他费用				6	6	10.71
1	其中：建设场地征用及清理费						
五	基本预备费				1	1	1.79
六	特殊项目						
	工程静态投资	4	33	12	7	56	100

表 4-87　　　　　子模块 NX-35-E1-2-10C 安装工程汇总预算表　　　金额单位：元

序号	工程或费用名称	设备购置费	安装工程费			合计
			装置性材料	安装	小计	
	安装工程	326369	53450	63731	117181	443550
一	主要生产工程	326369	53450	63731	117181	443550
1	配电装置	194351		4009	4009	198360
1.1	屋内配电装置	194351		4009	4009	198360
1.1.1	10kV 配电装置	194351		4009	4009	198360
2	无功补偿	78647	48752	26229	74980	153627
2.1	低压电容器	78647	48752	26229	74980	153627
2.1.1	10kV 低压电容器	78647	48752	26229	74980	153627
3	控制及直流系统	53371		221	221	53592
3.1	计算机监控系统	3021		116	116	3137
3.1.1	计算机监控系统	3021		116	116	3137
3.2	继电保护	50350		105	105	50455
4	电缆及接地		4698	5408	10106	10106
4.1	全站电缆		4698	5408	10106	10106
4.1.1	控制电缆		3873	3414	7286	7286
4.1.2	电缆防火		826	1994	2820	2820
5	全站调试			27865	27865	27865
5.1	分系统调试			8778	8778	8778
5.2	整套启动调试			5975	5975	5975
5.3	特殊调试			13112	13112	13112
	合计	326369	53450	63731	117181	443550

表 4-88　　　子模块 NX-35-E1-2-10C 建筑工程专业汇总预算表　　金额单位：元

序号	工程或费用名称	建筑费	设备费	建筑工程费合计
	建筑工程	40017		40017
一	主要生产工程	40017		40017
1	配电装置建筑	40017		40017
1.1	低压电容器	40017		40017
	合计	40017		40017

表4-89　　　**子模块 NX-35-E1-2-10C 其他费用预算表**　　　金额单位：元

序号	工程或费用名称	编制依据及计算说明	合计
2	项目建设管理费		26859
2.1	项目法人管理费	（建筑工程费＋安装工程费）×3.36%	5282
2.2	招标费	（建筑工程费＋安装工程费）×2.29%	3600
2.3	工程监理费	（建筑工程费＋安装工程费）×7.75%	12183
2.4	设备材料监造费	监造设备购置费×0.87%	2375
2.5	施工过程造价咨询及竣工结算审核费	（建筑工程费＋安装工程费）×0.88%	3000
2.6	工程保险费		419
2.6.1	安装工程一切险	（建筑工程费＋安装工程费＋设备购置费）×0.07%	338
2.6.2	建设工程合同款支付保险	（建筑工程费＋安装工程费）×10%×0.45%	81
3	项目建设技术服务费		33636
3.1	项目前期工作费	（建筑工程费＋安装工程费）×2.97%	4669
3.2	勘察设计费		28810
3.2.1	设计费		26191
3.2.2	三维设计费		2619
3.3	电力工程技术经济标准编制费	（建筑工程费＋安装工程费）×0.1%	157
4	生产准备费		2342
4.1	工器具及办公家具购置费	（建筑工程费＋安装工程费）×1.14%	1792
4.2	生产职工培训及提前进场费	（建筑工程费＋安装工程费）×0.35%	550
合计			62838

5 110kV 架空输电线路工程典型造价方案划分说明及造价指标

5.1 110kV 典型造价方案划分说明

在通用设计铁塔模块编号的后面增加地形代码，构成典型造价方案的编号。其中：P 表示平地、Q 表示丘陵、S 表示山地。典型方案详见表 5-1。

表 5-1 典型方案一览表

序号	典型方案编号	回路数	导地线规格型号	气象条件	主要杆塔型式	地形	海拔 H（m）
1	1B2-P					平地	
2	1B2-Q	单回	2×LGJ-240/30 兼 LGJ-400/35	覆冰 10mm 风速 27m/s	猫头型/干字型	丘陵	1000≤H≤2000
3	1B2-S					山地	
4	1E2-P					平地	
5	1E2-Q	双回	2×LGJ-240/30 兼 LGJ-400/35	覆冰 10mm 风速 27m/s	鼓型	丘陵	1000≤H≤2000
6	1E2-S					山地	

5.2 典型方案造价指标

针对每个典型方案，编制完整的方案设计预算，计算典型方案的各项技术指标及经济指标。典型方案技术指标详见表 5-2，典型方案经济指标详见表 5-3。

表 5-2 典型方案技术指标一览表

序号	典型方案编号	技术指标								
		导线 (t/km)	OPGW (t/km)	杆塔数 (基/km)	杆塔钢材 (t/km)	基础钢材 (t/km)	基础混凝土 (m³/km)	基坑开方 (m³/km)	合成绝缘子 (支/km)	挂线金具 (t/km)
1	1B2-P	4.24	0.95	3.13	21.32	7.06	98.21	124.07	30.20	0.32
2	1B2-Q	4.24	0.95	3.21	21.99	7.31	113.04	138.41	31.45	0.33
3	1B2-S	4.24	0.95	3.23	23.01	7.52	88.78	107.78	31.80	0.36
4	1E2-P	8.49	1.48	3.20	32.81	10.03	275.14	372.59	91.27	0.76
5	1E2-Q	8.49	1.48	3.23	33.51	11.01	295.69	385.91	94.20	0.78
6	1E2-S	8.49	1.48	3.30	34.73	12.86	261.52	365.85	96.93	0.88

表 5-3 典型方案经济指标一览表

序号	典型方案编号	回路数	气象条件	导地线规格型号	单位路径长度造价		子模块（综合单价）			
					本体工程 （万元/km）	静态投资 （万元）	基础工程 （元/km）	杆塔工程 （元/km）	架线工程 （元/km）	附件工程 （元/km）
1	1B2-P	单回	覆冰 10mm 风速 27m/s	LGJ-400/35	69	90	190937	212193	178860	47778
2	1B2-Q				73	95	215837	224648	182927	44545
3	1B2-S				80	102	218891	250807	194578	58755
4	1E2-P	双回	覆冰 10mm 风速 27m/s		109	137	280056	322327	296203	102106
5	1E2-Q				115	143	313407	337251	300060	109060
6	1E2-S				132	161	393489	370917	322888	126730

6 110kV 输电线路工程典型方案造价

6.1 典型方案 1B2-P 典型造价

6.1.1 基本技术条件

典型方案 1B2-P 为《国网宁夏电力有限公司 35～110kV 输变电工程典型施工图通用设计（2023 年版）》中 1B2 模块在平地地形条件下的典型方案，直线塔采用猫头型铁塔，耐张塔采用干字型铁塔。典型方案 1B2-P 一般条件、交叉跨越、主要材料单位路径长度指标分别见表 6-1～表 6-3。

表 6-1 典型方案 1B2-P 一般条件表

电压等级（kV）		110			回路数		单回		
导线型号		LGJ-400/35			地线型号		OPGW-24B1		
路径长度（km）		30			气象条件		覆冰（mm）	风速（m/s）	
地形		平地					10	27	
地质条件	条件	普通土	坚土	松砂石	水坑	泥水坑	流砂坑	干砂坑	岩石（爆破）	岩石（人工）
	比例（%）	55	5	32	3			5		
基础	型式	板式	台阶	掏挖	岩石嵌固		挖孔桩		灌注桩	
	比例（%）	5	9	32	45				9	
铁塔	类别	直线	耐张	总基数	运距（km）		人力		汽车	
	比例（%）	76	24	94					15	
路径长度单位造价					本体造价（万元/km）		68.73		
					静态投资（万元/km）		89.93		

190

表 6-2　　　　　　典型方案 1B2-P 交叉跨越表

序号	被跨越物名称	跨越次数	备注
1	铁路	1	
2	高速公路	1	双向四车道以上
	一般公路	6	含国道、省道
3	500kV 电力线		
	220kV 电力线	2	
	110kV 电力线	3	
	66kV 电力线		
	35kV 电力线	7	
	10kV 电力线	30	
	低压、通信线	30	380V 及以下线路
4	土路	10	
5	果园、经济作物	8	
6	河流	2	

表 6-3　　　　典型造价方案 1B2-P 主要材料单位路径长度指标

项目	数据			项目	数据
导线（t/km）	4.24			OPGW（t/km）	0.95
塔数（基/km）	3.13			铁塔钢材（t/km）	21.32
基础钢材（t/km）	7.06			接地钢材（t/km）	0.49
合成绝缘子（支/km）	30.20			挂线金具（t/km）	0.32
防振锤（个/km）	58.50				
土石方量（m³/km）	类型	基面	基坑	接地	混凝土（m³/km）	98.21
	数量	13.33	124.07	106.42	护坡、排水沟（m³/km）	16.50

6.1.2　典型方案预算书

预算投资为静态投资，典型方案 1B2-P 总预算表、安装工程费用汇总预算表、其他费用预算表分别见表 6-4～表 6-6。

表 6-4 典型方案 1B2-P 总预算表

序号	工程或费用名称	费用金额（万元）	各项占总计（%）	单位投资（万元/km）
一	一般线路本体工程	2062	76.43	68.73
二	辅助设施工程			
	小计	2062	76.43	68.73
三	其中：编制基准期价差	164	6.08	5.47
四	设备购置费	5	0.19	0.17
五	其他费用	604	22.39	20.13
	其中：建设场地征用及清理费	240		8.00
六	基本预备费	27	0.99	0.90
七	工程静态投资	2698	100	89.93

表 6-5 典型方案 1B2-P 安装工程费用汇总预算表　　　金额单位：元

序号	工程费用名称	费率（%）	基础工程	杆塔工程	接地工程	架线工程	附件工程	辅助工程	合计	各项占总计（%）	单位投资（元/km）
一	直接费	100	4330886	5082464	222604	3971692	1094103	816348	15518098	75.08	517270
1	直接工程费	100	3999733	4878366	197794	3742348	1008915	691810	14518966	70.24	483966
1.1	定额直接费	100	1511756	423834	94489	943579	313409	553790	3840856	18.58	128029
1.1.1	人工费	100	719046	338248	85153	417309	244507	447927	2252189	10.9	75073
1.1.2	材料费	100	100100	4999	632	160637	4473	6761	277602	1.34	9253
1.1.3	施工机械使用费	100	692610	80587	8704	365633	64430	99102	1311066	6.34	43702
1.2	装置性材料费	100	2487977	4454532	103305	2798769	695506	138021	10678109	51.66	355937
1.2.1	甲供装置性材料费	100		4454532		2798769	695506		7948807	38.46	264960
1.2.2	乙供装置性材料费	100	2487977		103305			138021	2729302	13.2	90977
2	措施费	100	331154	204099	24810	229345	85188	124538	999133	4.83	33304
2.1	冬雨季施工增加费	7.85	56445	26552	6684	32759	19194	35162	176797	0.86	5893
2.2	夜间施工增加费										
2.3	施工工具用具使用费	3.82	27468	12921	3253	15941	9340	17111	86034	0.42	2868
2.4	特殊地区施工增加费										

续表

序号	工程费用名称	费率(%)	基础工程	杆塔工程	接地工程	架线工程	附件工程	辅助工程	合计	各项占总计(%)	单位投资(元/km)
2.5	临时设施费	7.48	113079	31703	7068	70580	23443	41423	287296	1.39	9577
2.6	施工机构迁移费	2.36	16969	7983	2010	9848	5770	10571	53152	0.26	1772
2.7	安全文明施工费	2.93	117192	124940	5795	100217	27441	20270	395854	1.92	13195
二	间接费	100	559753	260269	65392	325562	188213	344584	1743773	8.44	58126
1	规费	100	286597	134819	33940	166331	97455	178535	897677	4.34	29923
1.1	社会保险费	25.96	195998	92200	23211	113750	66648	122096	613902	2.97	20463
1.2	住房公积金	12	90600	42619	10729	52581	30808	56439	283776	1.37	9459
2	企业管理费	35.76	257131	120958	30451	149230	87436	160179	805383	3.9	26846
3	施工企业配合调试费	1.06	16025	4493	1002	10002	3322	5870	40713	0.2	1357
三	利润	5	244532	236426	14400	198764	60497	58047	812665	3.93	27089
四	编制基准期价差	100	119966	681599	10048	710456	30921	55645	1608635	7.78	53621
1	人工价差	100	80965	38087	9588	46989	27531	50437	253596	1.23	8453
2	材料价差	100	4925	246	31	7903	220	333	13658	0.07	455
3	机械价差	100	34076	3965	428	17989	3170	4876	64504	0.31	2150
4	装置性材料价差	100		639302		637575			1276877	6.18	42563
4.1	甲供装置性材料价差	100		639302		637575			1276877	6.18	42563
4.2	乙供装置性材料价差	100									
五	税金	9	472962	105023	28120	159312	61041	114716	941174	4.55	31372
六	设备费	100						45000	45000	0.22	1500
1	乙供设备不含税价	100									
2	甲供设备含税价	100						45000	45000	0.22	1500
	合计		5728099	6365782	340564	5365786	1434775	1434339	20669346	100	688978
	各项占合计(%)		28	31	2	26	7	7	100		
	单位投资(元/km)		190937	212193	11352	178860	47826	47811	688978		517270

表 6-6　　　　　　　典型方案 1B2-P 其他费用预算表　　　　　金额单位：元

序号	工程或费用名称	编制依据及计算说明	合计
1	建设场地征用及清理费		2400000
2	项目建设管理费		806737
2.1	项目法人管理费	本体工程费×1.17%	241305
2.2	招标费	本体工程费×0.28%	57748
2.3	工程监理费	线路亘长×0.92 万元/km	276000
2.4	施工过程造价咨询及竣工结算审核费	本体工程费×0.47%	206934
2.5	工程保险费		24749
2.5.1	安装工程一切险	本体工程费×0.07%	14437
2.5.2	建设工程合同款支付保险	本体工程费×10%×0.45%	10312
3	项目建设技术服务费		2772328
3.1	项目前期工作费		786000
3.1.1	可行性研究费用		190000
3.1.2	环境影响评价费用		81000
3.1.3	水土保持方案编审费用		62000
3.1.4	地质灾害危险性评估费用		36000
3.1.5	文物调查费用		71000
3.1.6	矿产压覆评估费用		86000
3.1.7	节能评估费用		40000
3.1.8	社会稳定风险评估费用		75000
3.1.9	使用林地可行性研究费用		45000
3.1.10	土地复垦报告编制费用		100000
3.2	勘察设计费		1226718
3.2.1	勘察费	线路亘长×1.5 万元/km	450000
3.2.2	设计费		706108
3.2.3	三维设计费	设计费×10%	70611
3.3	设计文件评审费		240000
3.3.1	可行性研究文件评审费		63000
3.3.2	初步设计文件评审费		82000
3.3.3	施工图文件评审费		95000
3.4	工程建设检测费		498986
3.4.1	电力工程质量检测费	本体工程费×0.22%	45374

序号	工程或费用名称	编制依据及计算说明	合计
3.4.2	水土保持监测及验收费		152800
3.4.3	环境监测及环境保护验收费		94100
3.4.4	桩基检测费		206712
3.5	电力工程技术经济标准编制费	本体工程费×0.1%	20624
4	生产准备费		63935
4.1	工器具及办公家具购置费	本体工程费×0.21%	43311
4.2	生产职工培训及提前进场费	本体工程费×0.1%	20624

6.2 典型方案 1B2−Q 典型造价

6.2.1 基本技术条件

典型方案 1B2−Q 为《国网宁夏电力有限公司 35～110kV 输变电工程典型施工图通用设计（2023 年版）》中 1B2 模块在丘陵地形条件下的典型方案，直线塔采用猫头型铁塔，耐张塔采用干字型铁塔。典型方案 1B2−Q 一般条件、交叉跨越、主要材料单位路径长度指标分别见表 6−7～表 6−9。

表 6−7 典型方案 1B2−Q 一般条件表

电压等级（kV）		110		回路数			单回	
导线型号		LGJ−400/35		地线型号			OPGW−24B1	
路径长度（km）		30		气象条件			覆冰（mm）	风速（m/s）
地形		丘陵					10	27
地质条件	条件	普通土	坚土	松砂石	水坑	泥水坑	流砂坑	干砂坑	岩石（爆破）	岩石（人工）
	比例（%）	45	7	38	3			7		
基础	型式	板式	台阶	掏挖	岩石嵌固		挖孔桩	灌注桩
	比例（%）	5	9	28			49	9
铁塔	类别	直线	耐张	总基数	运距（km）		人力	汽车
	比例（%）	70	30	96				15
路径长度单位造价			本体造价（万元/km）			73.40		
			静态投资（万元/km）			94.93		

表 6-8 典型方案 1B2-Q 交叉跨越表

序号	被跨越名称	跨越次数	备注
1	铁路	1	
2	高速公路	2	双向四车道以上
	一般公路	6	含国道、省道
3	500kV 电力线		
	220kV 电力线	2	
	110kV 电力线	4	
	66kV 电力线		
	35kV 电力线	6	
	10kV 电力线	38	
	低压、通信线	26	380V 及以下线路
4	土路	8	
5	果园、经济作物	6	
6	河流	2	

表 6-9 典型造价方案 1B2-Q 主要材料单位路径长度指标

项目	数据			项目	数据
导线（t/km）	4.24			OPGW（t/km）	0.95
塔数（基/km）	3.21			铁塔钢材（t/km）	21.99
基础钢材（t/km）	7.31			接地钢材（t/km）	0.50
合成绝缘子（支/km）	31.45			挂线金具（t/km）	0.33
防振锤（个/km）	58.50				
土石方量 （m³/km）	类型	基面	基坑	接地	混凝土（m³/km）	113.04
	数量	18.33	138.41	109.74	护坡、排水沟（m³/km）	28.67

6.2.2 典型方案预算书

预算投资为静态投资，典型方案 1B2-Q 总预算表、安装工程费用汇总预算表、其他费用预算表分别见表 6-10～表 6-12。

表 6-10　　　　　　　　典型方案 1B2-Q 总预算表

序号	工程或费用名称	费用金额（万元）	各项占总计（%）	单位投资（万元/km）
一	一般线路本体工程	2202	77.32	73.40
二	辅助设施工程			
	小计	2202	77.32	73.40
三	其中：编制基准期价差	171	6	5.70
四	设备购置费	5	0.18	0.17
五	其他费用	613	21.52	20.43
	其中：建设场地征用及清理费	240		8.00
六	基本预备费	28	0.98	0.93
七	工程静态投资	2848	100	94.93

表 6-11　　　　　　典型方案 1B2-Q 安装工程费用汇总预算表　　　　金额单位：元

序号	工程费用名称	费率（%）	基础工程	杆塔工程	接地工程	架线工程	附件工程	辅助工程	合计	各项占总计（%）	单位投资（元/km）
一	直接费	100	4846298	5335152	236330	4050167	1008012	970963	16446921	74.53	548231
1	直接工程费	100	4459694	5107246	209263	3809643	926626	829912	15342384	69.53	511413
1.1	定额直接费	100	1794905	515158	103760	1010874	300089	629402	4354187	19.73	145140
1.1.1	人工费	100	867257	415412	93898	447054	240022	496474	2560117	11.6	85337
1.1.2	材料费	100	101388	5140	646	180836	3842	7477	299329	1.36	9978
1.1.3	施工机械使用费	100	826259	94606	9216	382984	56225	125451	1494742	6.77	49825
1.2	装置性材料费	100	2664789	4592088	105503	2798769	626537	200510	10988197	49.79	366273
1.2.1	甲供装置性材料费	100		4592088		2798769	626537		8017394	36.33	267246
1.2.2	乙供装置性材料费	100	2664789		105503			200510	2970802	13.46	99027
2	措施费	100	386604	227906	27067	240524	81386	141051	1104537	5.01	36818
2.1	冬雨季施工增加费	7.85	68080	32610	7371	35094	18842	38973	200969	0.91	6699
2.2	夜间施工增加费										
2.3	施工工具用具使用费	3.82	33129	15869	3587	17077	9169	18965	97796	0.44	3260
2.4	特殊地区施工增加费										

续表

序号	工程费用名称	费率(%)	基础工程	杆塔工程	接地工程	架线工程	附件工程	辅助工程	合计	各项占总计(%)	单位投资(元/km)
2.5	临时设施费	7.48	134259	38534	7761	75613	22447	47079	325693	1.48	10856
2.6	施工机构迁移费	2.36	20467	9804	2216	10550	5665	11717	60419	0.27	2014
2.7	安全文明施工费	2.93	130669	131090	6131	102188	25264	24316	419659	1.9	13989
二	间接费	100	674829	319587	72104	348769	184681	382095	1982064	8.98	66069
1	规费	100	345671	165575	37426	178187	95668	197884	1020411	4.62	34014
1.1	社会保险费	25.96	236397	113233	25595	121858	65425	135329	697837	3.16	23261
1.2	住房公积金	12	109274	52342	11831	56329	30243	62556	322575	1.46	10752
2	企业管理费	35.76	310131	148551	33578	159867	85832	177539	915498	4.15	30517
3	施工企业配合调试费	1.06	19026	5461	1100	10715	3181	6672	46154	0.21	1538
三	利润	5	276056	251078	15422	203848	56416	67653	870472	3.94	29016
四	编制基准期价差	100	143293	710726	11058	715653	29982	62443	1673156	7.58	55772
1	人工价差	100	97653	46775	10573	50338	27026	55903	288269	1.31	9609
2	材料价差	100	4988	253	32	8897	189	368	14727	0.07	491
3	机械价差	100	40652	4655	453	18843	2766	6172	73541	0.33	2451
4	装置性材料价差	100		659043		637575			1296618	5.88	43221
4.1	甲供装置性材料价差	100		659043		637575			1296618	5.88	43221
4.2	乙供装置性材料价差	100									
五	税金	9	534643	122887	30142	169388	58730	133484	1049274	4.75	34976
六	设备费	100						45000	45000	0.2	1500
1	乙供设备不含税价	100									
2	甲供设备含税价	100						45000	45000	0.2	1500
	合计		6475119	6739430	365055	5487824	1337820	1661638	22066886	100	735563
	各项占合计(%)		29	31	2	25	6	8	100		
	单位投资(元/km)		215837	224648	12169	182927	44594	55388	735563		

表 6-12　　　　典型方案 **1B2-Q** 其他费用预算表　　　　金额单位：元

序号	工程或费用名称	编制依据及计算说明	合计
1	建设场地征用及清理费		2400000
2	项目建设管理费		835246
2.1	项目法人管理费	本体工程费×1.17%	257656
2.2	招标费	本体工程费×0.28%	61661
2.3	工程监理费	线路亘长×0.92 万元/km	276000
2.4	施工过程造价咨询及竣工结算审核费	本体工程费×0.47%	213503
2.5	工程保险费		26426
2.5.1	安装工程一切险	本体工程费×0.07%	15415
2.5.2	建设工程合同款支付保险	本体工程费×10%×0.45%	11011
3	项目建设技术服务费		2824195
3.1	项目前期工作费		786000
3.1.1	可行性研究费用		190000
3.1.2	环境影响评价费用		81000
3.1.3	水土保持方案编审费用		62000
3.1.4	地质灾害危险性评估费用		36000
3.1.5	文物调查费用		71000
3.1.6	矿产压覆评估费用		86000
3.1.7	节能评估费用		40000
3.1.8	社会稳定风险评估费用		75000
3.1.9	使用林地可行性研究费用		45000
3.1.10	土地复垦报告编制费用		100000
3.2	勘察设计费		1271561
3.2.1	勘察费	线路亘长×1.5 万元/km	450000
3.2.2	设计费		746873
3.2.3	三维设计费	设计费×10%	74687
3.3	设计文件评审费		240000
3.3.1	可行性研究文件评审费		63000
3.3.2	初步设计文件评审费		82000
3.3.3	施工图文件评审费		95000
3.4	工程建设检测费		504612
3.4.1	电力工程质量检测费	本体工程费×0.22%	48448

续表

序号	工程或费用名称	编制依据及计算说明	合计
3.4.2	环境监测及环境保护验收费		94100
3.4.3	水土保持监测及验收费		152800
3.4.4	桩基检测费		209264
3.5	电力工程技术经济标准编制费	本体工程费×0.1%	22022
4	生产准备费		68268
4.1	工器具及办公家具购置费	本体工程费×0.21%	46246
4.2	生产职工培训及提前进场费	本体工程费×0.1%	22022

6.3 典型方案 1B2-S 典型造价

6.3.1 基本技术条件

典型方案 1B2-S 为《国网宁夏电力有限公司 35～110kV 输变电工程典型施工图通用设计（2023 年版）》中 1B2 模块在山地地形条件下的典型方案，直线塔采用猫头型铁塔，耐张塔采用干字型铁塔。典型方案 1B2-S 一般条件、交叉跨越、主要材料单位路径长度指标分别见表 6-13～表 6-15。

表 6-13　　　　典型方案 1B2-S 一般条件表

电压等级（kV）		110		回路数		单回		
导线型号		LGJ-400/35		地线型号		OPGW-24B1		
路径长度（km）		30		气象条件		覆冰（mm）	风速（m/s）	
地形		山地				10	27	
地质条件	条件	普通土	坚土	松砂石	水坑	泥水坑	流砂坑	干砂坑	岩石（爆破）	岩石（人工）
	比例（%）	70		15						15
基础	型式	板式	台阶	掘挖	岩石嵌固		挖孔桩		灌注桩
	比例（%）	3	7	62	18		10		
铁塔	类别	直线	耐张	总基数	运距（km）		人力		汽车
	比例（%）	67	33	97					15
路径长度单位造价			本体造价（万元/km）			80.17			
			静态投资（万元/km）			102.30			

表 6-14 典型方案 1B2-S 交叉跨越表

序号	被跨越物名称		跨越次数	备注
1	铁路		1	
2		高速公路	2	双向四车道以上
		一般公路	6	含国道、省道
3		500kV 电力线		
		220kV 电力线	2	
		110kV 电力线	5	
		66kV 电力线		
		35kV 电力线	7	
		10kV 电力线	32	
		低压、通信线	35	380V 及以下线路
4	土路		10	
5	果园、经济作物		6	
6	河流		2	

表 6-15 典型造价方案 1B2-S 主要材料单位路径长度指标

项目		数据			项目	数据
导线（t/km）		4.24			OPGW（t/km）	0.95
塔数（基/km）		3.23			铁塔钢材（t/km）	23.01
基础钢材（t/km）		7.52			接地钢材（t/km）	0.51
合成绝缘子（支/km）		31.80			挂线金具（t/km）	0.36
防振锤（个/km）		58.50				
土石方量（m³/km）	类型	基面	基坑	接地	混凝土（m³/km）	88.78
	数量	40.00	107.78	101.06	护坡、排水沟（m³/km）	38.67

6.3.2 典型方案预算书

预算投资为静态投资，典型方案 1B2-S 总预算表、安装工程费用汇总预算表、其他费用预算表分别见表 6-16～表 6-18。

表 6-16　　　　　　典型方案 1B2-S 总预算表

序号	工程或费用名称	费用金额（万元）	各项占总计（%）	单位投资（万元/km）
一	一般线路本体工程	2405	78.36	80.17
二	辅助设施工程			
	小计	2405	78.36	80.17
三	其中：编制基准期价差	182	5.93	6.07
四	设备购置费	5	0.16	0.17
五	其他费用	629	20.50	20.97
	其中：建设场地征用及清理费	240		8.00
六	基本预备费	30	0.98	1.00
七	工程静态投资	3069	100	102.30

表 6-17　　　　典型方案 1B2-S 安装工程费用汇总预算表　　　　金额单位：元

序号	工程费用名称	费率（%）	基础工程	杆塔工程	接地工程	架线工程	附件工程	辅助工程	合计	各项占总计（%）	单位投资（元/km）
一	直接费	100	4868625	5838250	294856	4278369	1285289	1145975	17711365	73.5	590379
1	直接工程费	100	4467541	5553132	256900	4006074	1169711	983449	16436805	68.21	547894
1.1	定额直接费	100	1861646	747875	150298	1207304	449074	733465	5149662	21.37	171655
1.1.1	人工费	100	933243	612148	136751	527766	355789	561998	3127695	12.98	104256
1.1.2	材料费	100	97788	5406	2608	184883	4689	7507	302882	1.26	10096
1.1.3	施工机械使用费	100	830615	130320	10939	494656	88597	163959	1719086	7.13	57303
1.2	装置性材料费	100	2605895	4805257	106602	2798769	720636	249984	11287143	46.84	376238
1.2.1	甲供装置性材料费	100		4805257		2798769	720636		8324662	34.55	277489
1.2.2	乙供装置性材料费	100	2605895		106602			249984	2962481	12.29	98749
2	措施费	100	401084	285119	37956	272296	115579	162527	1274559	5.29	42485
2.1	冬雨季施工增加费	7.85	73260	48054	10735	41430	27929	44117	245524	1.02	8184
2.2	夜间施工增加费										
2.3	施工工具用具使用费	3.82	35650	23384	5224	20161	13591	21468	119478	0.5	3983
2.4	特殊地区施工增加费										

序号	工程费用名称	费率(%)	基础工程	杆塔工程	接地工程	架线工程	附件工程	辅助工程	合计	各项占总计(%)	单位投资(元/km)
2.5	临时设施费	7.48	139251	55941	11242	90306	33591	54863	385195	1.6	12840
2.6	施工机构迁移费	2.36	22025	14447	3227	12455	8397	13263	73814	0.31	2460
2.7	安全文明施工费	2.93	130899	143293	7527	107944	32071	28815	450549	1.87	15018
二	间接费	100	725433	470822	105002	411883	273800	432747	2419687	10.04	80656
1	规费	100	371972	243990	54506	210357	141810	224001	1246637	5.17	41555
1.1	社会保险费	25.96	254383	166859	37276	143858	96981	153189	852547	3.54	28418
1.2	住房公积金	12	117589	77131	17231	66498	44829	70812	394090	1.64	13136
2	企业管理费	35.76	333728	218904	48902	188729	127230	200971	1118464	4.64	37282
3	施工企业配合调试费	1.06	19733	7927	1593	12797	4760	7775	54586	0.23	1820
三	利润	5	279703	282325	19993	218414	74197	78936	953568	3.96	31786
四	编制基准期价差	100	150761	765243	16065	730434	44651	71717	1778871	7.38	59296
1	人工价差	100	105083	68928	15398	59426	40062	63281	352178	1.46	11739
2	材料价差	100	4811	266	128	9096	231	369	14902	0.06	497
3	机械价差	100	40866	6412	538	24337	4359	8067	84579	0.35	2819
4	装置性材料价差	100		689637		637575			1327212	5.51	44240
4.1	甲供装置性材料价差	100		689637		637575			1327212	5.51	44240
4.2	乙供装置性材料价差	100									
五	税金	9	542207	167557	39232	198248	86157	155644	1189045	4.93	39635
六	设备费	100						45000	45000	0.19	1500
1	乙供设备不含税价	100									
2	甲供设备含税价	100						45000	45000	0.19	1500
	合计		6566728	7524196	475148	5837349	1764096	1930019	24097535	100	803251
各项占合计(%)			27	31	2	24	7	8	100		
单位投资(元/km)			218891	250807	15838	194578	58803	64334	803251		

表 6-18 　　　　　　　　典型方案 1B2-S 其他费用预算表　　　　　　金额单位：元

序号	工程或费用名称	编制依据及计算说明	合计
1	建设场地征用及清理费		2400000
2	项目建设管理费		904272
2.1	项目法人管理费	本体工程费×1.17%	281415
2.2	招标费	本体工程费×0.28%	67347
2.3	工程监理费	线路亘长×1.1×0.92 万元/km	303600
2.4	施工过程造价咨询及竣工结算审核费	本体工程费×0.47%	223047
2.5	工程保险费		28863
2.5.1	安装工程一切险	本体工程费×0.07%	16837
2.5.2	建设工程合同款支付保险	本体工程费×10%×0.45%	12026
3	项目建设技术服务费		2908609
3.1	项目前期工作费		786000
3.1.1	可行性研究费用		190000
3.1.2	环境影响评价费用		81000
3.1.3	水土保持方案编审费用		62000
3.1.4	地质灾害危险性评估费用		36000
3.1.5	文物调查费用		71000
3.1.6	矿产压覆评估费用		86000
3.1.7	节能评估费用		40000
3.1.8	社会稳定风险评估费用		75000
3.1.9	使用林地可行性研究费用		45000
3.1.10	土地复垦报告编制费用		100000
3.2	勘察设计费		1336717
3.2.1	勘察费	线路亘长×1.5 万元/km	450000
3.2.2	设计费	设计费	806106
3.2.3	三维设计费	设计费×10%	80611
3.3	设计文件评审费		240000
3.3.1	可行性研究文件评审费		63000
3.3.2	初步设计文件评审费		82000
3.3.3	施工图文件评审费		95000
3.4	工程建设检测费		521840
3.4.1	电力工程质量检测费	本体工程费×0.22%	52916

续表

序号	工程或费用名称	编制依据及计算说明	合计
3.4.2	环境监测及环境保护验收费		94100
3.4.3	水土保持监测及验收费		152800
3.4.4	桩基检测费		222024
3.5	电力工程技术经济标准编制费	本体工程费×0.1%	24053
4	生产准备费		74563
4.1	工器具及办公家具购置费	本体工程费×0.21%	50510
4.2	生产职工培训及提前进场费	本体工程费×0.1%	24053

6.4 典型方案 1E2-P 典型造价

6.4.1 基本技术条件

典型方案 1E2-P 为《国网宁夏电力有限公司 35～110kV 输变电工程典型施工图通用设计（2023 年版）》中 1E2 模块在平地地形条件下的典型方案，直线塔采用猫头型铁塔，耐张塔采用干字型铁塔。典型方案 1E2-P 一般条件、交叉跨越、主要材料单位路径长度指标分别见表 6-19～表 6-21。

表 6-19　　　　　　　　典型方案 1E2-P 一般条件表

电压等级（kV）		110			回路数			双回	
导线型号		LGJ-400/35			地线型号			OPGW-48B1	
路径长度（km）		30			气象条件		覆冰（mm）		风速（m/s）
地形		平地					10		27
地质条件	条件	普通土	坚土	松砂石	水坑	泥水坑	流砂坑	干砂坑	岩石（爆破）	岩石（人工）
	比例（%）	54	10	28	3			5		
基础	型式	板式	台阶	掏挖	岩石嵌固			挖孔桩		灌注桩
	比例（%）	9	5	20				61		5
铁塔	类别	直线	耐张	总基数		运距（km）		人力		汽车
	比例（%）	72	28	96						15
路径长度单位造价			本体造价（万元/km）				109.33			
			静态投资（万元/km）				136.53			

表 6－20 典型方案 1E2－P 交叉跨越表

序号	被跨越名称	跨越次数	备注
1	铁路	1	
2	高速公路	2	双向四车道以上
	一般公路	6	含国道、省道
3	500kV 电力线		
	220kV 电力线	2	
	110kV 电力线	3	
	66kV 电力线		
	35kV 电力线	7	
	10kV 电力线	28	
	低压、通信线	32	380V 及以下线路
4	土路	10	
5	果园、经济作物	8	
6	河流	2	

表 6－21 典型造价方案 1E2－P 主要材料单位路径长度指标

项目		数据			项目	数据
导线（t/km）		8.49			OPGW（t/km）	1.48
塔数（基/km）		3.20			铁塔钢材（t/km）	32.81
基础钢材（t/km）		10.03			接地钢材（t/km）	0.50
合成绝缘子（支/km）		91.27			挂线金具（t/km）	0.76
防振锤（个/km）		61.73				
土石方量 (m³/km)	类型	基面	基坑	接地	混凝土（m³/km）	275.14
	数量	20.00	372.59	159.74	护坡、排水沟（m³/km）	16.5

6.4.2 典型方案预算书

预算投资为静态投资，典型方案 1E2－P 总预算表、安装工程费用汇总预算表、其他费用预算表分别见表 6－22～表 6－24。

表 6-22　　　　　　　　　典型方案 1E2-P 总预算表

序号	工程或费用名称	费用金额（万元）	各项占总计（%）	单位投资（万元/km）
一	一般线路本体工程	3280	80.08	109.33
二	辅助设施工程			
	小计	3280	80.08	109.33
三	其中：编制基准期价差	254	6.2	8.47
四	设备购置费	5	0.12	0.17
五	其他费用	770	18.8	25.67
	其中：建设场地征用及清理费	300		10.00
六	基本预备费	41	1	1.37
七	工程静态投资	4096	100	136.53

表 6-23　　　　　典型方案 1E2-P 安装工程费用汇总预算表　　　　　金额单位：元

序号	工程费用名称	费率（%）	基础工程	杆塔工程	接地工程	架线工程	附件工程	辅助工程	合计	各项占总计（%）	单位投资（元/km）
一	直接费	100	6356241	7751170	229737	6683665	2322370	1668034	25011217	76.16	833707
1	直接工程费	100	5867617	7449064	203924	6321083	2137690	1502631	23482009	71.5	782734
1.1	定额直接费	100	2272014	599637	98421	1393409	687791	683493	5734765	17.46	191159
1.1.1	人工费	100	1046016	475186	88924	639755	535393	500717	3285992	10.01	109533
1.1.2	材料费	100	143874	7008	646	193002	8096	10822	363448	1.11	12115
1.1.3	施工机械使用费	100	1082124	117442	8851	560652	144302	171953	2085325	6.35	69511
1.2	装置性材料费	100	3595603	6849427	105503	4927674	1449899	819138	17747244	54.04	591575
1.2.1	甲供装置性材料费	100		6849427		4927674	1449899		13227000	40.28	440900
1.2.2	乙供装置性材料费	100	3595603		105503			819138	4520244	13.76	150675
2	措施费	100	488624	302107	25813	362582	184680	165403	1529209	4.66	50974
2.1	冬雨季施工增加费	7.85	82112	37302	6981	50221	42028	39306	257950	0.79	8598
2.2	夜间施工增加费										
2.3	施工工具用具使用费	3.82	39958	18152	3397	24439	20452	19127	125525	0.38	4184

续表

序号	工程费用名称	费率（%）	基础工程	杆塔工程	接地工程	架线工程	附件工程	辅助工程	合计	各项占总计（%）	单位投资（元/km）
2.4	特殊地区施工增加费										
2.5	临时设施费	7.48	169947	44853	7362	104227	51447	51125	428960	1.31	14299
2.6	施工机构迁移费	2.36	24686	11214	2099	15098	12635	11817	77549	0.24	2585
2.7	安全文明施工费	2.93	171921	190585	5975	168598	58117	44027	639224	1.95	21307
二	间接费	100	815060	365683	68286	498540	412144	385877	2545590	7.75	84853
1	规费	100	416921	189400	35444	254993	213397	199576	1309731	3.99	43658
1.1	社会保险费	25.96	285123	129526	24239	174384	145938	136486	895696	2.73	29857
1.2	住房公积金	12	131798	59873	11204	80609	67460	63090	414035	1.26	13801
2	企业管理费	35.76	374055	169927	31799	228776	191457	179056	1175071	3.58	39169
3	施工企业配合调试费	1.06	24083	6356	1043	14770	7291	7245	60789	0.19	2026
三	利润	5	358565	358621	14901	330765	129018	102696	1294565	3.94	43152
四	编制基准期价差	100	178101	1042639	10480	1130610	67783	65373	2494986	7.6	83166
1	人工价差	100	117781	53506	10013	72036	60285	56381	370003	1.13	12333
2	材料价差	100	7079	345	32	9496	398	532	17882	0.05	596
3	机械价差	100	53241	5778	435	27584	7100	8460	102598	0.31	3420
4	装置性材料价差	100		983010		1021493			2004504	6.1	66817
4.1	甲供装置性材料价差	100		983010		1021493			2004504	6.1	66817
4.2	乙供装置性材料价差	100									
五	税金	9	693717	151711	29106	242497	133327	199978	1450337	4.42	48345
六	设备费	100						45000	45000	0.14	1500
1	乙供设备不含税价	100									
2	甲供设备含税价	100						45000	45000	0.14	1500
	合计		8401684	9669824	352511	8886077	3064642	2466959	32841696	100	1094723
各项占合计（%）			26	29	1	27	9	8	100		
单位投资（元/km）			280056	322327	11750	296203	102155	82232	1094723		

表6-24　　　　典型方案1E2-P其他费用预算表　　　　金额单位：元

序号	工程或费用名称	编制依据及计算说明	合计
1	建设场地征用及清理费		3000000
2	项目建设管理费		1127053
2.1	项目法人管理费	本体工程费×1.17%	383721
2.2	招标费	本体工程费×0.28%	91831
2.3	工程监理费	线路亘长×1.16万元/km	348000
2.4	施工过程造价咨询及竣工结算审核费	本体工程费×0.47%	264144
2.5	工程保险费		39356
2.5.1	安装工程一切险	本体工程费×0.07%	22958
2.5.2	建设工程合同款支付保险	本体工程费×10%×0.45%	16398
3	项目建设技术服务费		3467333
3.1	项目前期工作费		805000
3.1.1	可行性研究费用		209000
3.1.2	环境影响评价费用		81000
3.1.3	水土保持方案编审费用		62000
3.1.4	地质灾害危险性评估费用		36000
3.1.5	文物调查费用		71000
3.1.6	矿产压覆评估费用		86000
3.1.7	节能评估费用		40000
3.1.8	社会稳定风险评估费用		75000
3.1.9	使用林地可行性研究费用		45000
3.1.10	土地复垦报告编制费用		100000
3.2	勘察设计费		1617287
3.2.1	勘察费	线路亘长×1.5万元/km	450000
3.2.2	设计费		1061170
3.2.3	三维设计费	设计费×10%	106117
3.3	设计文件评审费		432000
3.3.1	可行性研究文件评审费		113400
3.3.2	初步设计文件评审费		147600
3.3.3	施工图文件评审费		171000
3.4	工程建设检测费		580249
3.4.1	电力工程质量检测费	本体工程费×0.22%	72153

序号	工程或费用名称	编制依据及计算说明	合计
3.4.2	环境监测及环境保护验收费		112920
3.4.3	水土保持监测及验收费		183360
3.4.4	桩基检测费		211816
3.5	电力工程技术经济标准编制费	本体工程费×0.1%	32797
4	生产准备费		101670
4.1	工器具及办公家具购置费	本体工程费×0.21%	68873
4.2	生产职工培训及提前进场费	本体工程费×0.1%	32797

6.5 典型方案 1E2-Q 典型造价

6.5.1 基本技术条件

典型方案 1E2-Q 为《国网宁夏电力有限公司 35～110kV 输变电工程典型施工图通用设计（2023 年版）》中 1E2 模块在丘陵地形条件下的典型方案，直线塔采用猫头型铁塔，耐张塔采用干字型铁塔。典型方案 1E2-Q 一般条件、交叉跨越、主要材料单位路径长度指标分别见表 6-25～表 6-27。

表 6-25 典型方案 1E2-Q 一般条件表

电压等级（kV）		110			回路数			双回		
导线型号		LGJ-400/35			地线型号			OPGW-48B1		
路径长度（km）		30			气象条件		覆冰（mm）		风速（m/s）	
地形		丘陵					10		27	
地质条件	条件	普通土	坚土	松砂石	水坑	泥水坑	流砂坑	干砂坑	岩石（爆破）	岩石（人工）
	比例（%）	39	5	46	3			7		
基础	型式	板式	台阶	掏挖	岩石嵌固			挖孔桩		灌注桩
	比例（%）	7	9	26				53		5
铁塔	类别	直线	耐张	总基数	运距（km）			人力		汽车
	比例（%）	68	32	97						15
路径长度单位造价			本体造价（万元/km）				115.43			
			静态投资（万元/km）				143.00			

表 6－26　　　　　　典型方案 1E2－Q 交叉跨越表

序号	被跨越名称		跨越次数	备注
1	铁路		1	
2	高堰公路		2	双向四车道以上
	一般公路		6	含国道、省道
3	500kV 电力线			
	220kV 电力线		2	
	110kV 电力线		3	
	66kV 电力线			
	35kV 电力线		8	
	10kV 电力线		32	
	低压、通信线		38	380V 及以下线路
4	土路		8	
5	果园、经济作物		6	
6	河流		2	

表 6－27　　　　典型造价方案 1E2－Q 主要材料单位路径长度指标

项目			数据		项目	数据
导线（t/km）			8.49		OPGW（t/km）	1.48
塔数（基/km）			3.23		铁塔钢材（t/km）	33.51
基础钢材（t/km）			11.01		接地钢材（t/km）	0.51
合成绝缘子（支/km）			94.20		挂线金具（t/km）	0.78
防振锤（个/km）			61.73			
土石方量（m³/km）	类型	基面	基坑	接地	混凝土（m³/km）	295.69
	数量	21.27	385.91	161.41	护坡、排水沟（m³/km）	16.50

6.5.2　典型方案预算书

预算投资为静态投资，典型方案 1E2－Q 总预算表、安装工程费用汇总预算表、其他费用预算表分别见表 6－28～表 6－30。

表 6−28　　　　　　　　典型方案 1E2−Q 总预算表

序号	工程或费用名称	费用金额（万元）	各项占总计（%）	单位投资（万元/km）
一	一般线路本体工程	3463	80.72	115.43
二	辅助设施工程			
	小计	3463	80.72	115.43
三	其中：编制基准期价差	261	6.08	8.70
四	设备购置费	5	0.12	0.17
五	其他费用	780	18.18	26.00
	其中：建设场地征用及清理费	300		10.00
六	基本预备费	42	0.98	1.40
七	工程静态投资	4290	100	143.00

表 6−29　　　　　　典型方案 1E2−Q 安装工程费用汇总预算表　　　　　　金额单位：元

序号	工程费用名称	费率（%）	基础工程	杆塔工程	接地工程	架线工程	附件工程	辅助工程	合计	各项占总计（%）	单位投资（元/km）
一	直接费	100	7071537	8047467	249200	6752708	2459515	1680922	26261349	75.74	875378
1	直接工程费	100	6518837	7715140	219821	6376539	2258400	1513521	24602259	70.96	820075
1.1	定额直接费	100	2544503	718712	113219	1474629	758388	693283	6302733	18.18	210091
1.1.1	人工费	100	1221445	575761	103133	681094	590864	507465	3679763	10.61	122659
1.1.2	材料费	100	149955	7117	652	205433	8382	10880	382420	1.1	12747
1.1.3	施工机械使用费	100	1173103	135834	9433	588101	159142	174937	2240550	6.46	74685
1.2	装置性材料费	100	3974334	6996429	106602	4901910	1500013	820238	18299526	52.78	609984
1.2.1	甲供装置性材料费	100		6996429		4901910	1500013		13398351	38.64	446612
1.2.2	乙供装置性材料费	100	3974334		106602			820238	4901175	14.14	163372
2	措施费	100	552699	332327	29379	376169	201115	167401	1659090	4.79	55303
2.1	冬雨季施工增加费	7.85	95883	45197	8096	53466	46383	39836	288861	0.83	9629
2.2	夜间施工增加费										
2.3	施工工具用具使用费	3.82	46659	21994	3940	26018	22571	19385	140567	0.41	4686

续表

序号	工程费用名称	费率(%)	基础工程	杆塔工程	接地工程	架线工程	附件工程	辅助工程	合计	各项占总计(%)	单位投资(元/km)
2.4	特殊地区施工增加费										
2.5	临时设施费	7.48	190329	53760	8469	110302	56727	51858	471444	1.36	15715
2.6	施工机构迁移费	2.36	28826	13588	2434	16074	13944	11976	86842	0.25	2895
2.7	安全文明施工费	2.93	191002	197788	6441	170309	61489	44346	671375	1.94	22379
二	间接费	100	950604	442998	79187	530661	454838	391084	2849372	8.22	94979
1	规费	100	486843	229487	41107	271471	235507	202266	1466680	4.23	48889
1.1	社会保险费	25.96	332941	156941	28112	185653	161058	138325	1003030	2.89	33434
1.2	住房公积金	12	153902	72546	12995	85818	74449	63941	463650	1.34	15455
2	企业管理费	35.76	436789	205892	36880	243559	211293	181470	1315883	3.8	43863
3	施工企业配合调试费	1.06	26972	7618	1200	15631	8039	7349	66809	0.19	2227
三	利润	5	401107	376288	16419	335972	137728	103600	1371114	3.95	45704
四	编制基准期价差	100	202629	1075972	12109	1127471	74773	66283	2559237	7.38	85308
1	人工价差	100	137535	64831	11613	76691	66531	57141	414341	1.2	13811
2	材料价差	100	7378	350	32	10107	412	535	18815	0.05	627
3	机械价差	100	57717	6683	464	28935	7830	8607	110235	0.32	3675
4	装置性材料价差	100		1004108		1011737			2015845	5.81	67195
4.1	甲供装置性材料价差	100		1004108		1011737			2015845	5.81	67195
4.2	乙供装置性材料价差	100									
五	税金	9	776329	174797	32122	254985	146416	201770	1586419	4.58	52881
六	设备费	100						45000	45000	0.13	1500
1	乙供设备不含税价	100									
2	甲供设备含税价	100						45000	45000	0.13	1500
	合计		9402206	10117521	389038	9001796	3273271	2488659	34672491	100	1155750
	各项占合计(%)		27	29	1	26	9	7	100		
	单位投资(元/km)		313407	337251	12968	300060	109109	82955	1155750		

表 6 – 30　　　　　　　典型方案 1E2 – Q 其他费用预算表　　　　金额单位：元

序号	工程或费用名称	编制依据及计算说明	合计
1	建设场地征用及清理费		3000000
2	项目建设管理费		1164401
2.1	项目法人管理费	本体工程费×1.17%	405142
2.2	招标费	本体工程费×0.28%	96957
2.3	工程监理费	线路亘长×1.16 万元/km	348000
2.4	施工过程造价咨询及竣工结算审核费	本体工程费×0.47%	272749
2.5	工程保险费		41553
2.5.1	安装工程一切险	本体工程费×0.07%	24239
2.5.2	建设工程合同款支付保险	本体工程费×10%×0.45%	17314
3	项目建设技术服务费		3526831
3.1	项目前期工作费		805000
3.1.1	可行性研究费用		209000
3.1.2	环境影响评价费用		81000
3.1.3	水土保持方案编审费用		62000
3.1.4	地质灾害危险性评估费用		36000
3.1.5	文物调查费用		71000
3.1.6	矿产压覆评估费用		86000
3.1.7	节能评估费用		40000
3.1.8	社会稳定风险评估费用		75000
3.1.9	使用林地可行性研究费用		45000
3.1.10	土地复垦报告编制费用		100000
3.2	勘察设计费		1676031
3.2.1	勘察费	线路亘长×1.5 万元/km	450000
3.2.2	设计费		1114574
3.2.3	三维设计费	设计费×10%	111457
3.3	设计文件评审费		432000
3.3.1	可行性研究文件评审费		113400
3.3.2	初步设计文件评审费		147600
3.3.3	施工图文件评审费		171000
3.4	工程建设检测费		579172
3.4.1	电力工程质量检测费	本体工程费×0.22%	76180

序号	工程或费用名称	编制依据及计算说明	合计
3.4.2	环境监测及环境保护验收费		112920
3.4.3	水土保持监测及验收费		183360
3.4.4	桩基检测费		206712
3.5	电力工程技术经济标准编制费	本体工程费×0.1%	34627
4	生产准备费		107345
4.1	工器具及办公家具购置费	本体工程费×0.21%	72718
4.2	生产职工培训及提前进场费	本体工程费×0.1%	34627

6.6　典型方案 1E2−S 典型造价

6.6.1　基本技术条件

典型方案 1E2−S 为《国网宁夏电力有限公司 35～110kV 输变电工程典型施工图通用设计（2023 年版）》中 1E2 模块在山地地形条件下的典型方案，直线塔采用猫头型铁塔，耐张塔采用干字型铁塔。典型方案 1E2−S 一般条件、交叉跨越、主要材料单位路径长度指标分别见表 6−31～表 6−33。

表 6−31　　　　　　　　　典型方案 1E2−S 一般条件表

电压等级（kV）		110			回路数			双回	
导线型号		LGJ−400/35			地线型号			OPGW−48B1	
路径长度（km）		30			气象条件		覆冰（mm）		风速（m/s）
地形		山地					10		27
地质条件	条件	普通土	坚土	松砂石	水坑	泥水坑	流砂坑	干砂坑	岩石（爆破）	岩石（人工）
	比例（%）	45		30						25
基础	型式	板式	台阶	掏挖	岩石嵌固		挖孔桩		灌注桩
	比例（%）	7	5	63	10		15		
铁塔	类别	直线	耐张	总基数	运距（km）		人力		汽车
	比例（%）	64	36	99					15
路径长度单位造价			本体造价（万元/km）				132.43		
			静态投资（万元/km）				161.37		

表 6-32 典型方案 1E2-S 交叉跨越表

序号	被跨越名称	跨越次数	备注
1	铁路	1	
2	高速公路	2	双向四车道以上
	一般公路	6	含国道、省道
3	500kV 电力线		
	220kV 电力线	2	
	110kV 电力线	5	
	66kV 电力线		
	35kV 电力线	10	
	10kV 电力线	36	
	低压、通信线	40	380V 及以下线路
4	土路	10	
5	果园、经济作物	6	
6	河流	2	

表 6-33 典型造价方案 1E2-S 主要材料单位路径长度指标

项目	数据	项目	数据
导线（t/km）	8.49	OPGW（t/km）	1.48
塔数（基/km）	3.30	铁塔钢材（t/km）	34.73
基础钢材（t/km）	12.86	接地钢材（t/km）	0.52
合成绝缘子（支/km）	96.93	挂线金具（t/km）	0.88
防振锤（个/km）	61.73		
土石方量（m³/km） 类型	基面 基坑 接地	混凝土（m³/km）	261.52
数量	25.00 365.85 164.74	护坡、排水沟（m³/km）	16.50

6.6.2 典型方案预算书

预算投资为静态投资，典型方案 1E2-S 总预算表、安装工程费用汇总预算表、其他费用预算表分别见表 6-34～表 6-36。

表 6-34　　　　　　　　　　典型方案 1E2-S 总预算表

序号	工程或费用名称	费用金额（万元）	各项占总计（%）	单位投资（万元/km）
一	一般线路本体工程	3973	82.07	132.43
二	辅助设施工程			
	小计	3973	82.07	132.43
三	其中：编制基准期价差	285	5.89	9.50
四	设备购置费	5	0.1	0.17
五	其他费用	815	16.84	27.17
	其中：建设场地征用及清理费	300		10.00
六	基本预备费	48	0.99	1.60
七	工程静态投资	4841	100	161.37

表 6-35　　　　　典型方案 1E2-S 安装工程费用汇总预算表　　　　金额单位：元

序号	工程费用名称	费率（%）	基础工程	杆塔工程	接地工程	架线工程	附件工程	辅助工程	合计	各项占总计（%）	单位投资（元/km）
一	直接费	100	8649814	8688625	437821	7190945	2778174	1757593	29502971	74.18	983432
1	直接工程费	100	7904839	8280935	372950	6751893	2530004	1579667	27420288	68.94	914010
1.1	定额直接费	100	3502041	1028641	264149	1849983	967404	757229	8369447	21.04	278982
1.1.1	人工费	100	1791950	836892	243660	850796	759546	534572	5017417	12.61	167247
1.1.2	材料费	100	87187	7348	5101	241544	8781	10996	360958	0.91	12032
1.1.3	施工机械使用费	100	1622903	184400	15388	757643	199076	211661	2991072	7.52	99702
1.2	装置性材料费	100	4402798	7252294	108800	4901910	1562600	822438	19050841	47.9	635028
1.2.1	甲供装置性材料费	100		7252294		4901910	1562600		13716805	34.49	457227
1.2.2	乙供装置性材料费	100	4402798		108800			822438	5334036	13.41	177801
2	措施费	100	744975	407690	64871	439052	248170	177926	2082684	5.24	69423
2.1	冬雨季施工增加费	7.85	140668	65696	19127	66787	59624	41964	393867	0.99	13129
2.2	夜间施工增加费										
2.3	施工工具用具使用费	3.82	68452	31969	9308	32500	29015	20421	191665	0.48	6389

国网宁夏电力有限公司 35～110kV 输变电工程典型造价

序号	工程费用名称	费率(%)	基础工程	杆塔工程	接地工程	架线工程	附件工程	辅助工程	合计	各项占总计(%)	单位投资(元/km)
2.4	特殊地区施工增加费										
2.5	临时设施费	7.48	261953	76942	19758	138379	72362	56641	626035	1.57	20868
2.6	施工机构迁移费	2.36	42290	19751	5750	20079	17925	12616	118411	0.3	3947
2.7	安全文明施工费	2.93	231612	213332	10927	181307	69243	46284	752706	1.89	25090
二	间接费	100	1392158	643745	187051	662965	584608	412260	3882786	9.76	129426
1	规费	100	714235	333568	97118	339110	302740	213070	1999842	5.03	66661
1.1	社会保险费	25.96	488450	228120	66417	231910	207037	145714	1367647	3.44	45588
1.2	住房公积金	12	225786	105448	30701	107200	95703	67356	632195	1.59	21073
2	企业管理费	35.76	640801	299273	87133	304245	271614	191163	1794228	4.51	59808
3	施工企业配合调试费	1.06	37122	10904	2800	19610	10254	8027	88716	0.22	2957
三	利润	5	502099	416619	31244	364499	159802	108493	1582754	3.98	52758
四	编制基准期价差	100	285910	1144497	28444	1156697	95752	71148	2782447	7	92748
1	人工价差	100	201774	94234	27436	95800	85525	60193	564961	1.42	18832
2	材料价差	100	4290	362	251	11884	432	541	17759	0.04	592
3	机械价差	100	79847	9073	757	37276	9795	10414	147161	0.37	4905
4	装置性材料价差	100		1040829		1011737			2052566	5.16	68419
4.1	甲供装置性材料价差	100		1040829		1011737			2052566	5.16	68419
4.2	乙供装置性材料价差	100									
五	税金	9	974698	234033	61610	311531	185016	211454	1978343	4.97	65945
六	设备费	100						45000	45000	0.11	1500
1	乙供设备不含税价	100									
2	甲供设备含税价	100						45000	45000	0.11	1500
	合计		11804679	11127518	746170	9686637	3803351	2605947	39774302	100	1325810
	各项占合计(%)		30	28	2	24	10	7	100		
	单位投资(元/km)		393489	370917	24872	322888	126778	86865	1325810		

表 6－36　　　　　　**典型方案 1E2－S 其他费用预算表**　　　　　金额单位：元

序号	工程或费用名称	编制依据及计算说明	合计
1	建设场地征用及清理费		3000000
2	项目建设管理费		1303278
2.1	项目法人管理费	本体工程费×1.17%	464833
2.2	招标费	本体工程费×0.28%	111242
2.3	工程监理费	线路亘长×1.1×1.16 万元/km	382800
2.4	施工过程造价咨询及竣工结算审核费	本体工程费×0.47%	296728
2.5	工程保险费		47675
2.5.1	安装工程一切险	本体工程费×0.07%	27811
2.5.2	建设工程合同款支付保险	本体工程费×10%×0.45%	19865
3	项目建设技术服务费		3722168
3.1	项目前期工作费		805000
3.1.1	可行性研究费用		209000
3.1.2	环境影响评价费用		81000
3.1.3	水土保持方案编审费用		62000
3.1.4	地质灾害危险性评估费用		36000
3.1.5	文物调查费用		71000
3.1.6	矿产压覆评估费用		86000
3.1.7	节能评估费用		40000
3.1.8	社会稳定风险评估费用		75000
3.1.9	使用林地可行性研究费用		45000
3.1.10	土地复垦报告编制费用		100000
3.2	勘察设计费		1839731
3.2.1	勘察费	线路亘长×1.5 万元/km	450000
3.2.2	设计费		1263391
3.2.3	三维设计费	设计费×10%	126339
3.3	设计文件评审费		432000
3.3.1	可行性研究文件评审费		113400
3.3.2	初步设计文件评审费		147600
3.3.3	施工图文件评审费		171000
3.4	工程建设检测费		605708
3.4.1	电力工程质量检测费	本体工程费×0.22%	87404

续表

序号	工程或费用名称	编制依据及计算说明	合计
3.4.2	环境监测及环境保护验收费		112920
3.4.3	水土保持监测及验收费		183360
3.4.4	桩基检测费		222024
3.5	电力工程技术经济标准编制费	本体工程费×0.1%	39729
4	生产准备费		123161
4.1	工器具及办公家具购置费	本体工程费×0.21%	83432
4.2	生产职工培训及提前进场费	本体工程费×0.1%	39729

附　录

附录 A　变电站建筑工程定额计价材料
及机械台班价差调整

附表 A.1　变电站建筑工程定额计价材料价差调整

序号	材料名称	单位	单价（不含税）	
			预算价（元）	市场价（元）
1	生石灰	kg	0.20	0.38
2	电	kWh	0.84	0.48
3	水	t	4.1	3.88
4	圆钢ϕ10 以上	kg	3.97	4.16
5	圆钢ϕ10 以下	kg	3.96	3.93
6	H 型钢综合	kg	4.40	3.93
7	等边角钢边长 63 以下	kg	3.67	4.02
8	等边角钢边长 50 以下	kg	3.67	4.03
9	铁件钢筋	kg	3.25	4.04
10	铁件型钢	kg	3.12	4.04
11	工字钢综合	kg	3.78	4.08
12	槽钢 16 号以下	kg	3.74	4.09
13	中厚钢板 12～20	kg	3.84	4.10
14	中厚钢板 20～30	kg	3.84	4.10
15	扁钢（3～5）×50mm 以下	kg	3.72	4.12
16	扁钢（6～8）×75mm 以下	kg	3.72	4.12
17	薄钢板 4 以下	kg	3.88	4.19
18	薄钢板 1.5 以下	kg	3.88	4.19

续表

序号	材料名称	单位	单价（不含税）	
			预算价（元）	市场价（元）
19	薄钢板 2.5 以下	kg	3.88	4.19
20	焊接钢管 DN80	kg	4.12	4.21
21	焊接钢管 DN50	kg	4.12	4.25
22	焊接钢管 DN40	kg	4.12	4.26
23	焊接钢管 DN32	kg	4.12	4.29
24	镀锌钢管 DN50	kg	5.1	5.08
25	镀锌钢管 DN32	kg	5.1	5.10
26	镀锌钢管 DN40	kg	5.1	5.11
27	镀锌钢管 DN25	kg	5.1	5.26
28	镀锌钢管 DN20 以下	kg	5.1	5.42
29	镀锌圆钢 $\phi8$ 以下	kg	4.86	5.93
30	镀锌圆钢 $\phi16$	kg	4.86	6.16
31	镀锌钢板 6 以下	kg	4.82	6.19
32	镀锌钢板 1.0 以下	kg	5.00	6.19
33	镀锌角钢边长 50 以下	kg	4.59	6.59
34	通用钢模板	kg	4.73	5.20
35	乳胶漆	kg	5.79	13.00
36	玻纤胎改性沥青卷材（页岩片）4mm	m²	21.55	33.98
37	环氧树脂自流平底漆	kg	14.19	35.00
38	环氧树脂自流平面漆	kg	21.38	40.00
39	环氧树脂自流平中漆	kg	17.21	40.00
40	碎石 40	m³	80	88.35
41	天然砂砾	m³	60	100.00
42	毛石 70～190	m³	66.34	101.94
43	中砂	m³	65	106.80
44	粗砂	m³	65	116.50
45	普通灯具半圆球吸顶灯 DN250	套	71.63	300.00
46	成品平开防盗门	m²	301.70	310.00
47	普通硅酸盐水泥 32.5	t	359.81	323.89
48	荧光灯具吸顶式双管	套	71.63	350.00

续表

序号	材料名称	单位	单价（不含税）	
			预算价（元）	市场价（元）
49	现浇混凝土 C10−40 集中搅拌	m³	237.97	360.00
50	现浇混凝土 C15−40 集中搅拌	m³	248.40	360.00
51	现浇混凝土 C20−20 集中搅拌	m³	269	373.00
52	现浇混凝土 C20−40 集中搅拌	m³	262.55	373.00
53	现浇混凝土 C20−10 集中搅拌	m³	285.03	373.00
54	现浇混凝土 C25−40 集中搅拌	m³	275.05	384.00
55	现浇混凝土 C25−20 集中搅拌	m³	284.11	384.00
56	现浇混凝土 C25−10 集中搅拌	m³	306.75	384.00
57	现浇混凝土 C30−10 集中搅拌	m³	302.35	396.00
58	现浇混凝土 C30−40 集中搅拌	m³	295.70	396.00
59	现浇混凝土 C40−40 集中搅拌	m³	323.68	440.00
60	水工现浇混凝土 C25−40 集中搅拌	m³	273.17	384.00
61	铸铁平算	套	32.42	392.34
62	铸铁井盖（连座）	套	156.89	464.00
63	挤塑聚苯乙烯板（XPS）20～100mm	m³	447.27	477.88
64	密闭灯具防爆灯	套	161.16	500.00
65	成品防火门	m²	426.70	517.00
66	标准砖 240×115×53	千块	330	637.17
67	成品铝合金固定窗	m²	217.62	649.44
68	成品铝合金推拉窗	m²	237.40	649.44
69	成品铝合金平开窗	m²	247.01	649.44
70	纤维水泥复合板	m²	318.97	800.00
71	预制混凝土电缆沟	m³	1827	1850.00
72	方材红白松二等	m³	1660	2150.00
73	板材红白松二等	m³	1660	2150.00
74	装配式预制混凝土围墙板	m³	1764	2200.00
75	预制混凝土基础	m³	1701	3000.00
76	单轨钢吊车梁（成品）	t	6886.69	7863.00
77	钢格栅板（成品）	t	6773.96	9631.00
78	钢梁（成品）	t	7550.35	11300.00
79	构支架附件（成品）	t	7527.19	11300.00
80	避雷针塔（成品）	t	7573.51	11300.00
81	镀锌钢管构架（成品）	t	7566.18	11300.00

附表 A.2　变电站建筑工程定额机械台班价差调整

序号	施工机械名称	单位	单价（不含税）	
			预算价（元）	市场价（元）
1	履带式起重机起重量 150t	台班	5061.35	5191.48
2	塔式起重机起重力矩 2500kN·m	台班	5078.50	5077.21
3	塔式起重机起重力矩 1500kN·m	台班	4117.20	4121.49
4	汽车式起重机起重量 50t	台班	2677.79	2796.84
5	管子拖车 24t	台班	1616.25	1848.64
6	履带起重机起重量 60t	台班	1689.32	1817.51
7	履带起重机起重量 50t	台班	1545.55	1667.20
8	履带起重机起重量 40t	台班	1364.40	1480.82
9	炉顶式起重机 300t·m	台班	1386.42	1405.61
10	平板拖车组 40t	台班	1276.88	1369.43
11	履带式单斗液压挖掘机斗容量 1m³	台班	1096.27	1227.77
12	汽车式起重机起重量 25t	台班	1122.92	1222.99
13	平板拖车组 30t	台班	1092.21	1216.59
14	履带式推土机功率 105kW	台班	942.56	1073.59
15	平板拖车组 20t	台班	943.86	1056.37
16	门式起重机起重量 40t	台班	986.52	998.56
17	汽车式起重机起重量 16t	台班	876.93	968.88
18	履带式起重机起重量 25t	台班	798.62	897.01
19	自卸汽车 12t	台班	768.06	874.36
20	履带式推土机功率 75kW	台班	745.79	869.93
21	轮胎式装载机斗容量 2m³	台班	709.18	827.69
22	平板拖车组 10t	台班	697.10	807.40
23	履带式起重机起重量 15t	台班	714.80	796.35
24	汽车式起重机起重量 8t	台班	655.69	735.30
25	门式起重机起重量 20t	台班	606.25	629.26
26	钢轮内燃压路机工作质量 15t	台班	542.37	628
27	剪板机厚度×宽度 40mm×3100mm	台班	597.91	613.97
28	钢轮内燃压路机工作质量 12t	台班	469.38	537.61
29	汽车式起重机起重量 5t	台班	552.67	533.09
30	载重汽车 8t	台班	445.99	463.69

序号	施工机械名称	单位	单价（不含税）	
			预算价（元）	市场价（元）
31	载重汽车 6t	台班	395.92	463.69
32	载重汽车 5t	台班	380.35	446.18
33	门式起重机起重量 10t	台班	414.41	440.98
34	电动空气压缩机排气量 10m³/min	台班	419.72	407.62
35	钢板校平机厚度×宽度 30×2600	台班	335.23	350.09
36	鼓风机能力 50m³/min	台班	317.49	307.82
37	型钢剪断机剪断宽度 500mm	台班	249.57	267.18
38	电动空气压缩机排气量 6m³/min	台班	241.13	234.68
39	机动翻斗车 1t	台班	179.17	202.39
40	电动单筒慢速卷扬机 50kN	台班	181.65	196.64
41	热熔焊接机 SHD－160C	台班	186.81	186.22
42	电动单筒快速卷扬机 10kN	台班	167.56	182.57
43	逆变多功能焊机 D7－500	台班	154.53	152.13
44	电动空气压缩机排气量 3m³/min	台班	135.39	132.17
45	对焊机容量 150kVA	台班	131.35	127.57
46	交流弧焊机容量 40kVA	台班	129.18	125.21
47	电动单级离心清水泵出口直径 ϕ150	台班	101.95	99.32
48	交流弧焊机容量 30kVA	台班	89.85	87.23
49	木工三面压刨床刨削宽度 400mm	台班	68.98	67.41
50	交流弧焊机容量 21kVA	台班	67	65.19
51	钢材电动煨弯机弯曲直径 ϕ500 以内	台班	61.54	60.72
52	电动空气压缩机排气量 0.6m³/min	台班	41.17	40.44
53	管子切断机管径 ϕ150	台班	35.39	35
54	摇臂钻床钻孔直径 ϕ50	台班	29.65	29.35
55	试压泵压力 25MPa	台班	29.73	29.27
56	木工圆锯机直径 ϕ500	台班	29.17	28.45
57	电动夯实机夯击能量 250N·m	台班	28.93	28.43
58	钢筋弯曲机直径 ϕ40	台班	27.63	27.25
59	管子切断套丝机管径 ϕ159	台班	23.45	23.05
60	混凝土振捣器（平台式）	台班	19.55	19.43
61	混凝土振捣器（插入式）	台班	13.83	13.71

附录 B　主要电气设备及装置性材料价格一览表

附表 B.1　变电站主要电气设备价格

序号	设备（材料）名称	单位	含税单价（元）
	变电工程		
1	主变压器系统		
1.1	主变压器		
	主变压器 110kV50000kVA 三绕组	台	2779000
	主变压器 110kV50000kVA 两绕组	台	2485000
	主变压器 35kV10000kVA 两绕组	台	729200
	中性点成套装置	套	55200
2	配电装置		
2.1	屋外配电装置		
2.1.1	110kV 配电装置		
	复合式组合电器（HGIS）AC 110kV 40kA	套	715600
	气体绝缘封闭式组合电器（GIS）AC 110kV 电缆进线间隔	间隔	720600
	气体绝缘封闭式组合电器（GIS）AC 110kV 架空进线间隔	间隔	869300
	气体绝缘封闭式组合电器（GIS）AC 110kV 电缆出线间隔	间隔	737400
	气体绝缘封闭式组合电器（GIS）AC 110kV 架空出线间隔	间隔	750900
	气体绝缘封闭式组合电器（GIS）AC 110kV 分段间隔	间隔	541800
	避雷器 110kV	台	4070
	电容式电压互感器 110kV	台	43900
2.1.2	35kV 户内配电柜		
	高压开关柜 AC 35kV 分段断路器柜	台	143200
	高压开关柜 AC 35kV 分段隔离柜	台	105000
	高压开关柜 AC 35kV 母线设备柜	台	144500
	高压开关柜 AC 35kV 进线开关柜	台	209500
	高压开关柜 AC 35kV 进线隔离柜	台	155500
	高压开关柜 AC 35kV 馈线开关柜	台	299800
	高压开关柜 AC 35kV 电容器开关柜	台	207300

续表

序号	设备（材料）名称	单位	含税单价（元）
2.1.2	高压开关柜 AC 35kV 站用变开关柜	台	157100
	充气式开关柜 AC 35kV 主变压器进线柜	台	327500
	充气式开关柜 AC 35kV 馈线开关柜	台	294200
	充气式开关柜 AC 35kV 站用变压器开关柜	台	276000
	充气式开关柜 AC 35kV 母线设备	台	246600
2.1.3	10kV 户内配电柜		
	高压开关柜 AC 10kV 分段断路器柜	台	144700
	高压开关柜 AC 10kV 分段隔离柜	台	96400
	高压开关柜 AC 10kV 母线设备柜	台	70500
	高压开关柜 AC 10kV 电抗器开关柜	台	73500
	高压开关柜 AC 10kV 进线开关柜	台	210200
	高压开关柜 AC 10kV 馈线开关柜	台	70800
	高压开关柜 AC 10kV 电容器开关柜	台	73600
	高压开关柜 AC 10kV 站用变压器开关柜	台	73500
	充气式开关柜 AC 10kV 主变压器进线柜	台	202600
	充气式开关柜 AC 10kV 馈线开关柜	台	177000
	充气式开关柜 AC 10kV 电容器开关柜	台	193000
	充气式开关柜 AC 10kV 站用变开关柜	台	174800
	充气式开关柜 AC 10kV 分段隔离柜	台	169000
	充气式开关柜 AC 10kV 联络柜	台	124400
	充气式开关柜 AC 10kV 母线设备柜	台	170000
3	无功补偿		
3.1	框架式并联电容器成套装置 AC 10kV，4800kvar	套	139600
	框架式并联电容器成套装置 AC 10kV，3600kvar	套	116700
	框架式并联电容器成套装置 AC 10kV，1000kvar	套	78100
4	控制及保护系统		
4.1	35kV 变电站监控系统	套	594700
	110kV 变电站监控系统	套	1219000
	主变压器保护柜	面	76800
	110kV 线路光差保护测控装置	套	70560
	110kV 分段保护测控装置	套	31360
	110kV 备自投装置	套	32340

续表

序号	设备（材料）名称	单位	含税单价（元）
4.1	110KV 母线保护柜	面	124500
	低频低压减载柜	面	82708
	故障录波柜	面	80000
	网络分析仪柜	面	89658
	火灾自动报警系统	套	150000
	在线监测系统	套	600000
	过程层交换机，16 光口	台	9070
	电能表	块	2000
	电能量远方终端柜	块	80000
4.2	时间同步系统主机柜	面	130000
5	交直流一体化电源系统		
	站用一体化交直流系统	套	550000
6	站用电系统		
	10kV 户内接地变压器消弧线圈及成套装置 630kVA	套	251800
	10kV 户内接地变压器消弧线圈及成套装置 700kVA	套	254200
	35kV 消弧线圈成套装置 1100kVA	台	439800
	动力箱、端子箱	台	10000
7	智能辅助控制系统（包含安全警卫系统、智能巡视子系统、动态环境监测子系统、智能锁控子系统、电子围栏等）	套	1183584
8	数据网接入及二次安全防护设备		
	调度数据网设备	台	130000
	二次安全防护设备	台	150000
9	通信设备		
	SDH 设备 10G	套	356300
	SDH 设备 2.5G	套	254300
	光接口单元及板卡 STM-64	套	112210
	光接口单元及板卡 STM-16	套	60000
	OLT 设备柜	套	165000
	IAD 接入设备	面	18000
10	预制舱（12200mm×2800mm×3133mm）	m²	8000

附表 B.2 变电站主要装置性材料价格

序号	主要（材料）名称	单位	含税单价（元）
1	预制光缆	m	100
2	导引光缆	km	22000
3	电力电缆 ZR－VV22 1kV 三芯 6	km	18156
4	电力电缆 ZR－VV 1kV 双芯 4	km	6507.67
5	电力电缆 ZR－YJV 35kV 单芯 185	km	190674
6	电力电缆 ZR－YJV 35kV 单芯 120	km	146388
7	电力电缆 ZR－YJV 10kV 三芯 120	km	287302.50
8	电力电缆 ZR－YJV 10kV 单芯 400	km	214869.07
9	电力电缆 ZR－YJY22 1kV 四芯 6	km	18327.47
10	电力电缆 ZR－YJY22 1kV 四芯 16	km	47757.19
11	电力电缆 ZR－YJY22 1kV 四芯 10	km	29855.73
12	电力电缆 ZR－YJY22 1kV 三芯接地 50	km	109561.41
13	电力电缆 ZR－YJY22 1kV 三芯接地 25	km	57743
14	电力电缆 ZR－YJV22 1kV 四芯 95	km	237583.63
15	电力电缆 ZR－YJV22 1kV 双芯 6	km	9614.04
16	电力电缆 ZR－YJV22 1kV 双芯 4	km	6665.87
17	电力电缆 ZR－YJV22 1kV 双芯 35	km	47393.33
18	电力电缆 ZR－YJV22 1kV 双芯 16	km	24517.61
19	电力电缆 ZR－YJV22 1kV 双芯 10	km	15469.7
20	电力电缆 ZR－YJV22 1kV 三芯接地 120	km	260932.82
21	电力电缆 ZR－YJV22 1kV 三芯接地 95	km	212932.68
22	电力电缆 ZR－YJV22 1kV 三芯接地 35	km	80711.38
23	电力电缆 ZR－YJV22 1kV 三芯接地 16	km	41104.88
24	电力电缆 ZR－YJV22 1kV 三芯接地 10	km	26968.58
25	电力电缆 ZR－YJV22 1kV 三芯接地 6	km	16898.02
26	电力电缆 ZR－YJV22 1kV 三芯 95	km	182063.34
27	电力电缆 ZR－YJV22 1kV 三芯 10	km	22612.43
28	电力电缆 ZR－YJV22 1kV 单芯 150	km	89282.43
29	电力电缆 ZR－YJV22 1kV 单芯 95	km	59118.21
30	电力电缆 ZR－YJV22 10kV 三芯 240	km	642460.37
31	电力电缆 ZR－YJV22 15kV 三芯 185	km	443972.48

续表

序号	主要（材料）名称	单位	含税单价（元）
32	控制电缆 ZR－KYJVP2 十二芯 4	km	33197.93
33	控制电缆 KYJVP22　四芯 4	km	14155.51
34	控制电缆 KYJVP22　四芯 2.5	km	10166.61
35	控制电缆 KYJVP22　四芯 1.5	km	7580.04
36	控制电缆 KYJVP22　十芯 2.5	km	21848.55
37	控制电缆 KYJVP22　十芯 1.5	km	15170.25
38	控制电缆 KYJVP22　十四芯 1.5	km	28060.16
39	控制电缆 KYJVP22　十九芯 1.5	km	30348.41
40	控制电缆 KYJVP22　七芯 4	km	20516.28
41	控制电缆 KYJVP22　七芯 2.5	km	12262.07
42	控制电缆 KYJVP22　七芯 1.5	km	10851.39
43	控制电缆 KYJVP22　八芯 4	km	24800.11
44	铜母线铜材	t	79100
45	聚氯乙烯绝缘、护套软线 RVV4×1.5	km	2631
46	电力电缆 YJV 35kV 1×300	km	272800
47	穿墙套管 CWW－20/4000	只	2387.54
48	穿墙套管 35kV，3150A	只	2348.14
49	支柱绝缘子 35kV 12.5kN	只	2470
50	支柱绝缘子 35kV 6kN	只	2040
51	支柱绝缘子 20kV 12.5kN	只	1960
52	110kV 电缆终端 1×400	只	15700
53	110kV 电缆 YJLW03－64/110－1×400	km	464900
54	35kV 冷缩式户外电缆终端 1×185	套	417
55	35kV 冷缩式户外电缆终端 1×120	套	378.55
56	35kV 冷缩式户内电缆终端 1×185	套	398
57	35kV 冷缩式户内电缆终端 1×120	套	360.47
58	35kV 冷缩式电缆终端 1×300	套	550
59	110kV 电缆 YJV62－Z－64/110－1×300	km	468600
60	10kV 冷缩式户外电缆终端 3×120	套	326.57
61	10kV 冷缩式户外电缆终端 1×400	套	181.93
62	10kV 冷缩式户内电缆终端 3×240	套	381.94
63	10kV 冷缩式户内电缆终端 1×400	套	166.11

附表 B.3　架空输电线路主要装置性材料价格

单位：万元

序号	材料名称及规格型号	单位	预算价	信息价
一	导地线			
1	钢芯铝绞线 LGJ－400/35	t	16385	19300
2	光缆 OPGW－24B1	km	17000	14800
3	光缆 OPGW－48B1	km	17000	18800
二	塔材			
1	角钢塔	t	6926	7920
三	绝缘子			
1	合成绝缘子 FXBW－110/120	片	200	200
2	合成绝缘子 FSP－110/0.8	片	650	650
3	挂线金具	t	17000	17000
四	其他			
1	基础钢筋	t	5273	5273
2	地脚螺栓	t	8700	8700
3	水泥	t	410	410
4	中砂	m³	85	85
5	毛石	m³	130	130

附录 C 地方建筑材料信息价

附表 C.1 建筑、装饰、安装及市政工程材料价格

单位：元

序号	材料名称	规格型号	单位	含税价格	除税价格
(一) 建筑用钢材					
1	粉煤灰硅酸盐水泥	P·F32.5R（散）	t	366.00	323.89
2	普通硅酸盐水泥	P·O42.5R（散）	t	387.00	342.48
3	中粗砂	二	m³	110.00	106.80
4	水洗砂	—	m³	120.00	116.50
5	天然砂夹石	—	m³	75.00	72.82
6	碎石	0.5cm	m³	79.00	76.70
7		1.0～2.0cm	m³	94.00	91.26
8		1.0～3.0cm	m³	91.00	88.35
9	片石	—	m³	105.00	101.94
10	石粉	—	t	49.00	47.57
11	烧结普通砖（煤矸石页岩 Mu20）	240mm×115mm×53mm 200mm×95mm×50mm 190mm×90mm×50mm	千块	720.00	637.17
12	烧结多孔砖（煤矸石页岩 Mu15）	240mm×115mm×90mm 190mm×115mm×50mm 200mm×90mm×90mm 200mm×115mm×90mm	千块	720.00	637.17
13		190mm×115mm×115mm	千块	800.00	707.96
14	烧结空心砖（煤矸石页岩 Mu5.0）	各类规格	m³	253.00	223.89
15	烧结空心砖（粉煤灰页岩）	240mm×240mm×190mm	m³	500.00	216.81
16	烧结保温砖（煤矸石页岩 Mu5.0）	各类规格	m³	245.00	442.48
17	蒸压加气混凝土砌块	A3.5	m³	185.00	163.72
18		A5.0	m³	203.00	179.65
19	石膏空心砌块	625mm×400mm×200mm	m²	75.00	66.37
20		625mm×600mm×120mm	m²	40.00	35.40
21		625mm×600mm×90mm	m²	35.00	30.97
22	施工用电	—	kW·h	0.54	0.48

续表

序号	材料名称	规格型号	单位	含税价格	除税价格
23	施工用水	—	m³	4.00	3.88
24	圆钢（HPB300）	φ6	t	4442.02	3930.99
25		φ8～φ10	t	4288.42	3795.06
26		φ12～φ14	t	4698.26	4157.75
27		φ16～φ25	t	4595.86	4067.13
28	螺纹钢（HRB400E）	φ6	t	4452.26	3940.05
29		φ8～φ10	t	4278.18	3786.00
30		φ12～φ14	t	4319.38	3822.46
31		φ16～φ25	t	4145.30	3668.41
32		φ28～φ32	t	4268.18	3777.15
33	扁钢（Q235B）	综合	t	4660.18	4124.05
34	角钢（Q235B）	L50 以内	t	4557.78	4033.43
35		L100 以内	t	4537.30	4015.31
36	槽钢（Q235B）	综合	t	4619.22	4087.80
37	工字钢（Q235B）	综合	t	4610.42	4080.02
38	H 型钢（Q235）	综合	t	4291.03	3797.37
39	H 型钢（Q355B）	综合	t	4444.63	3933.30
40	钢板（Q235B）	薄板	t	4575.62	4049.22
41		中板	t	4473.22	3958.60
42	钢板（Q355B）	薄板	t	4729.22	4185.15
43		中板	t	4626.82	4094.53
44	镀锌钢板	0.5mm	m²	22.35	19.78
45		0.6mm	m²	26.81	23.73
46		0.75mm	m²	32.86	29.08
47		1.0mm	m²	43.64	38.62
48		1.2mm	m²	52.36	46.34
49	双面镀锌压型钢板	1.2mm	m²	83.49	73.88
50	双面镀锌彩钢板	0.6mm	m²	42.55	37.65
51	钢板网	2×50×90	m²	15.99	14.15
52	钢丝网	3×50×50	m²	10.63	9.41
53	防锈合金铝板	0.5mm	m²	31.55	27.92
54		0.6mm	m²	38.08	33.70
55		0.8mm	m²	49.76	44.03

序号	材料名称	规格型号	单位	含税价格	除税价格
56		1.0mm	m²	61.84	54.72
57	铁件	综合	kg	4.56	4.04
58	脚手架钢管	φ48×3.5	t	4581.06	4054.04
59		DN15	t	4869.06	4308.90
60		DN20	t	4848.58	4290.78
61		DN25	t	4838.34	4281.72
62		DN32	t	4817.86	4263.59
63		DN40	t	4812.06	4258.46
64	焊接钢管	DN50	t	4806.09	4253.18
65		DN65	t	4797.38	4245.47
66		DN80	t	4756.42	4209.22
67		DN100	t	4694.98	4154.85
68		DN125	t	4879.30	4317.96
69		DN150	t	4930.50	4363.27
70		DN200	t	4991.95	4417.65
71		DN15	t	6224.98	5508.83
72		DN20	t	6122.58	5418.21
73		DN25	t	5938.26	5255.10
74		DN32	t	5764.18	5101.04
75		DN40	t	5774.42	5110.10
76	镀锌钢管	DN50	t	5743.70	5082.92
77		DN65	t	5559.38	4919.80
78		DN80	t	5497.94	4865.43
79		DN100	t	5487.70	4856.37
80		DN125	t	5856.34	5182.60
81		DN150	t	5866.58	5191.66
82		DN200	t	5989.46	5300.41
83		D76×4.5	t	5736.98	5076.98
84		D89×4.5	t	5583.38	4941.05
85	无缝钢管	D108×4.5	t	5644.82	4995.42
86		D133×4.5	t	5655.06	5004.48
87		D159×6	t	5655.06	5004.48
88		D219×6	t	5552.66	4913.86

续表

序号	材料名称	规格型号	单位	含税价格	除税价格
89	无缝钢管	D273×8	t	5593.62	4950.11
90		D325×9	t	5655.06	5004.48
91		D426×11	t	5808.66	5140.41
92	螺旋焊管	$\phi219×6$	t	5225.22	4624.09
93		$\phi273×7$	t	5276.42	4669.40
94		$\phi325×8$	t	5327.62	4714.71
95		$\phi377×9$	t	4979.78	4406.88
96		$\phi426×9$	t	4982.26	4409.08
97		$\phi478×9$	t	5133.06	4542.53
98		$\phi529×10$	t	5153.54	4560.65
99		$\phi630×11$	t	5184.26	4587.84
100		$\phi720×11$	t	5215.98	4615.91
101		$\phi820×12$	t	5225.22	4624.09
102		$\phi920×12$	t	5230.40	4628.67
103		$\phi1020×14$	t	5235.46	4633.15
104		$\phi1220×14$	t	5286.66	4678.46
105		$\phi1420×16$	t	5317.39	4705.65
（二）木、竹材及其制品					
106	二等板方材	—	m³	2429.78	2150.25
107	原木	—	m³	2204.16	1950.58
108	方木支撑	—	m³	2429.78	2150.25
109	模板木材	—	m³	2429.78	2150.25
110	木胶板模板	1220mm×2440mm×12mm	m²	37.58	33.26
111		1220mm×2440mm×13mm	m²	45.41	40.19
112		1220mm×2440mm×14mm	m²	50.81	44.96
113	复合模板	综合	m²	41.49	36.72
114	胶合板	1220mm×2440mm×3mm	m²	14.66	12.97
115		1220mm×2440mm×5mm	m²	22.49	19.90
116		1220mm×2440mm×9mm	m²	30.31	26.82
117	细木工板	1220mm×2440mm×15mm	m²	46.91	41.51
118	纯白板	—	m²	23.46	20.76

序号	材料名称	规格型号	单位	含税价格	除税价格
(三)墙砖、地砖、地板					
119	陶瓷抛光地砖	300mm×300mm	m²	72.44	64.11
120		600mm×600mm	m²	75.33	66.66
121		800mm×800mm	m²	77.26	68.37
122		1000mm×1000mm	m²	96.58	85.47
123	陶瓷抛釉地砖	800mm×800mm	m²	115.90	102.57
124	陶瓷微晶石地砖	800mm×800mm	m²	212.49	188.04
125	陶瓷内墙面砖	200mm×300mm	块	3.11	2.75
126		250mm×330mm	块	4.35	3.85
127		300mm×450mm	块	8.20	7.26
128		300mm×600mm	块	11.88	10.51
129	陶瓷外墙面砖	140mm×280mm（文化石）	块	2.12	1.88
130		200mm×400mm（文化石）	块	2.70	2.39
131		200mm×400mm（平面砖）	块	2.89	2.56
132		200mm×60mm	m²	33.80	29.91
133		240mm×60mm	m²	43.46	38.46
134	陶瓷薄板面砖	（纯色）900mm×1800×5.5mm	m²	347.69	307.69
135		（石材）900mm×1800mm×5.5mm	m²	468.42	414.53
136		（玉石）900mm×1800mm×5.5mm	m²	500.30	442.74
(四)装饰石材及石材制品					
137	天然花岗石	芝麻白（火烧）600mm×600mm×20mm	m²	98.99	87.60
138		芝麻白（火烧）600mm×600mm×25mm	m²	116.05	102.70
139		芝麻白（抛光）600mm×600mm×20mm	m²	105.81	93.64
140		芝麻白（抛光）600mm×600mm×25mm	m²	124.59	110.26
141		芝麻灰（火烧）600mm×600mm×20mm	m²	107.52	95.15
142		芝麻灰（火烧）600mm×600mm×25mm	m²	128.00	113.27
143		芝麻灰（抛光）600mm×600mm×20mm	m²	114.35	101.19
144		芝麻灰（抛光）600mm×600mm×25mm	m²	131.41	116.29

序号	材料名称	规格型号	单位	含税价格	除税价格
145		30mm	m²	186.00	164.60
146		40mm	m²	200.00	176.99
147	耐酸碱花岗岩板	50mm	m²	215.00	190.27
148		60mm	m²	230.00	203.54
149		100mm	m²	278.00	246.02
		（五）墙面、顶棚及屋面饰面材料			
150	纸面石膏板	9.5mm	m²	13.79	12.20
151		12mm	m²	14.93	13.21
152	耐火纸面石膏板	9.5mm	m²	16.16	14.30
153		12mm	m²	17.72	15.68
154	耐潮纸面石膏板	9.5mm	m²	16.52	14.62
155		12mm	m²	18.32	16.21
156	耐水纸面石膏板	9.5mm	m²	22.43	19.85
157		12mm	m²	24.05	21.28
158	硅酸钙板	1220mm × 2440mm × 6mm	m²	45.39	40.17
159		1220mm × 2440mm × 8mm	m²	46.35	41.02
160	矿棉吸声板	600mm × 600mm × 12mm	m²	34.78	30.78
161		600mm × 600mm × 15mm	m²	37.67	33.34
162		4mm × 50S × 50S	m²	173.74	153.75
163	铝塑板	4mm × 40S × 40S	m²	131.45	116.33
164		3mm × 21S × 21S	m²	81.26	71.91
165		3mm × 18S × 18S	m²	53.82	47.63
166	防火铝塑板	3.0mm	m²	212.95	188.45
167		4.0mm	m²	294.89	260.96
168		粉末喷涂 2.5mm（含 20mm 折边）	m²	304.61	269.56
169	铝单板	粉末喷涂 3.0mm（含 20mm 折边）	m²	324.21	286.91
170		氟碳喷涂 2.5mm（含 20mm 折边）	m²	334.61	296.11
171		氟碳喷涂 3.0mm（含 20mm 折边）	m²	354.21	316.91
172	仿石铝单板	3.0mm	m²	356.66	315.63
173		600mm × 600mm × 0.6mm	m²	53.56	47.4
174	铝扣板	600mm × 600mm × 0.8mm	m²	74.02	65.5
175		600mm × 600mm × 1.0mm	m²	96.02	84.97
176	PVC 塑料扣板	300mm	m²	23.73	21.00
177	双面水泥基聚氨酯复合板	B₁级	m²	1477.68	1307.68

续表

序号	材料名称	规格型号	单位	含税价格	除税价格
178	高强耐水阻燃石膏轻质墙板	90mm	m²	76.30	67.52
179		100mm	m²	84.99	75.21
180		120mm	m²	103.34	91.45
181	硅酸钙复合轻质夹心隔墙板	2440mm×610mm×120mm	m²	121.69	107.69
182		2440mm×610mm×90mm	m²	102.38	90.60
183		2440mm×610mm×75mm	m²	91.75	81.19
184	ASA 建筑隔墙用轻质条板	120mm	m²	141.25	125.00
185	ASA 外墙用复合保温板	120mm	m²	169.50	150.00
186	玻璃纤维增强水泥轻质多孔隔墙条板（GRC）	90mm	m²	107.36	95.01
187		120mm	m²	141.25	125.00
188	蒸压加气混凝土板（ALC）	A3.5B06	m³	686.75	607.74
189		A3.5B05	m³	716.75	634.29
190		A5.0B06	m³	722.18	639.10
191	CL 网架板	厚 40mmEPS 保温板，双面ϕ3@50 镀锌钢丝网片	m²	144.64	128.00
192		厚 80mmEPS 保温板，双面ϕ3@50 镀锌钢丝网片	m²	169.50	150.00
193		厚 90mmEPS 保温板，双面ϕ3@50 镀锌钢丝网片	m²	174.02	154.00
194		厚 130mmEPS 保温板，双面ϕ3@50 镀锌钢丝网片	m²	183.06	162.00
195		厚 180mmEPS 保温板，双面ϕ3@50 镀锌钢丝网片	m²	203.40	180.00
196	彩钢岩棉夹芯板	屋面板δ100，板材厚上 0.6mm、下 0.5mm，80kg/m³	m²	146.27	129.44
197		屋面板δ100，板材厚上 0.6mm、下 0.5mm，100kg/m³	m²	152.55	135.00
198		墙面板δ100，板材厚上下均为 0.5mm，80kg/m³	m²	140.62	124.44
199		墙面板δ100，板材厚上 0.6mm、下 0.5mm，100kg/m³	m²	146.90	130.00
200	彩钢玻璃丝棉夹芯板	δ100，板材厚 0.6mm，50kg/m³	m²	147.70	130.71
201		δ100，板材厚 0.5mm，50kg/m³	m²	135.62	120.02
202	镀锌钢丝网复合轻质内墙板	120mm	m²	105.96	93.77
203		90mm	m²	84.57	74.84
204	聚苯乙烯钢丝网架外保温墙板	100mm	m²	148.07	131.04

序号	材料名称	规格型号	单位	含税价格	除税价格
205	聚苯乙烯钢丝网架外保温墙板	150mm	m²	169.23	149.76
206	外墙装饰节能一体化板	仿石材饰面，10mm 纤维增强水泥板＋80mm 岩棉（120kg/m³）＋6mm 纤维增强水泥板	m²	480.00	424.78
207		氟碳漆面层，0.8mm 铝合金板＋80mm 岩棉（130kg/m³）＋0.5mm 水泥基卷材底层	m²	495.00	438.05
208	保温结构一体化复合保温板	100 厚石墨聚苯板，22kg/m³，含锚固件	m²	180.00	159.29
209		100 厚热复合聚苯板，含锚固件	m²	220.00	194.69
210	防水保温一体化板	耐根穿刺防水卷材（化学阻根Ⅱ型 4.0mm），70 厚 XPS，32kg/m³	m²	280.00	247.79
		（六）门窗制品			
211	塑料平开窗	60 系列，中空玻璃（6＋12A＋6），增强型钢壁厚≥1.5mm，传热系数 $K \leqslant 2.5W/(m^2 \cdot K)$	m²	385.14	340.83
212		65 系列，中空玻璃（6＋12A＋6），增强型钢壁厚≥1.5mm，传热系数 $K \leqslant 2.5W/(m^2 \cdot K)$	m²	414.84	367.12
213		70 系列，中空玻璃（6＋12A＋6），增强型钢壁厚≥1.5mm，传热系数 $K \leqslant 2.5W/(m^2 \cdot K)$	m²	448.12	396.57
214	断桥铝合金平开窗	70 系列，中空玻璃（6＋12A＋6），型材壁厚≥1.4mm，传热系数 $K \leqslant 2.8W/(m^2 \cdot K)$	m²	645.01	570.81
215		70 系列，中空玻璃（6＋12A＋6），型材壁厚≥1.8mm，传热系数 $K \leqslant 2.8W/(m^2 \cdot K)$	m²	733.87	649.44
216	铝合金隐形纱窗	1.2mm	m²	100.18	88.65
217	铝合金内平开纱窗	1.2mm 厚铝合金，尼龙纱，带配件	m²	131.07	115.99
218	铝合金百页窗	1.2mm 厚铝型材	m²	217.29	192.29
219	铝合金地弹门	100 系列，双钢中空玻璃（6＋12A＋6），2mm 厚铝型材	m²	623.33	551.62

序号	材料名称	规格型号	单位	含税价格	除税价格
220	断桥铝合金地弹门	100 系列，双钢中空玻璃（6＋12A＋6），2mm 厚铝型材	m²	819.09	724.86
221	地弹簧	承重 100kg	套	290.00	256.64
222	断桥铝合金平开门	60 系列，双钢中空玻璃（6＋12A＋6），2mm 厚铝型材，含配件	m²	785.00	694.69
223		70 系列，双钢中空玻璃（6＋12A＋6），2mm 厚铝型材，含配件	m²	830.00	734.51
224	钢制防盗门	甲级	m²	805.68	712.99
225		乙级	m²	753.87	667.14
226	钢制防火门	甲级	m²	617.46	546.42
227		乙级	m²	602.36	533.06
228		丙级	m²	583.99	516.81
229	防火门闭门器	—	只	56.23	49.76
230	不锈钢门	—	m²	1149.95	1017.65
231	铝合金卷闸门	0.9～1mm	m²	173.94	153.93
232	方钢防盗栏（空芯）	25mm×25mm×1.2mm	m²	61.83	54.72
233	不锈钢防盗栏	25mm×38mm×0.6mm	m²	113.00	100.00
234	静电粉末喷涂断桥铝型材	门窗配套料	kg	25.39	22.47
235	玻璃幕墙料		kg	25.89	22.91
（七）涂料及防腐、防水材料					
236	醇酸调和漆		kg	12.50	11.06
237	醇酸磁漆	—	kg	17.41	15.41
238	清漆	—	kg	16.01	14.17
239	银粉漆	—	kg	18.04	15.96
240	环氧富锌底漆	II 型，3 类，含锌量≥70%	kg	46.45	41.11
241	环氧云铁中间漆	组分 A，A:B＝10:1	kg	33.32	29.49
242	醇酸防锈漆		kg	10.56	9.35
243		室内膨胀型（薄型）	kg	5.50	4.87
244		室内非膨胀型（厚型）	kg	3.57	3.16
245	防火涂料	室外膨胀型（薄型）	kg	8.50	7.52
246		室外非膨胀型（厚型）	kg	4.46	3.95
247		Z－106/HY	kg	38.00	33.63

续表

序号	材料名称	规格型号	单位	含税价格	除税价格
248	乳胶漆	内墙	kg	10.62	9.40
249		外墙	kg	13.62	12.05
250	氟碳面漆	实色	kg	77.51	68.59
251		金属	kg	88.00	77.88
252	溶剂型外墙水泥漆	油性	kg	19.79	17.51
253	外墙抗碱封固底漆	水性	kg	18.51	16.38
254	外墙真石漆	—	kg	10.17	9.00
255	外墙罩光漆	—	kg	17.38	15.38
256	外墙腻子粉	—	kg	2.43	2.15
257	抹灰石膏粉	重质	kg	0.60	0.53
258		轻质	kg	0.90	0.80
259	内墙腻子粉	—	kg	0.97	0.86
260	弹性体改性沥青防水卷材（SBS）	聚酯胎Ⅱ型 4mm	m²	38.40	33.98
261		聚酯胎Ⅱ型 3mm	m²	33.28	29.45
262		聚酯胎Ⅰ型 4mm	m²	34.13	30.20
263		聚酯胎Ⅰ型 3mm	m²	29.02	25.68
264	改性沥青聚乙烯胎防水卷材	3mm	m²	44.24	39.15
265		4mm	m²	49.16	43.50
266	自粘聚合物改性沥青防水卷材	无胎基Ⅰ/Ⅱ型 1.5/2.0mm	m²	38.15	33.76
267		聚酯胎Ⅰ型 3.0mm	m²	40.56	35.89
268		聚酯胎Ⅰ型 4.0mm	m²	44.43	39.32
269		聚酯胎Ⅱ型 3.0mm	m²	44.43	39.32
270		聚酯胎Ⅱ型 4.0mm	m²	48.29	42.73
271	自粘橡胶沥青防水卷材	1.2mmHD	m²	52.95	46.86
272		1.5mmHD	m²	58.32	51.61
273		1.2mmED	m²	54.90	48.58
274		1.5mmED	m²	60.62	53.65
275	聚氯乙烯（PVC）防水卷材	1.5mm	m²	55.05	48.72
276		1.2mm	m²	50.22	44.44
277	高分子自粘胶膜防水卷材	非沥青基 1.5mm	m²	74.00	65.49
278		非沥青基 1.2mm	m²	71.01	62.84
279		阻根型	m³	125.00	110.62

序号	材料名称	规格型号	单位	含税价格	除税价格
280	高分子交叉层压膜自粘防水卷材	1.5mm	m²	65.00	57.52
281	种植屋面用耐根穿刺防水卷材	铜胎复合 4.0mm	m²	91.53	81.00
282		化学阻根Ⅱ型 4.0mm	m²	89.89	79.55
283		聚乙烯胎 4.0mm	m²	49.75	44.03
284	白色聚氨酯防水涂料	单组分（环保型）	kg	25.26	22.35
285	丙烯酸防水涂料	环保型	kg	13.91	12.31
286	聚合物水泥防水涂料	—	kg	13.91	12.31
287	水泥基渗透结晶型防水涂料	—	kg	10.43	9.23
288	喷涂速凝橡胶沥青防水涂料	—	kg	18.31	16.20
289	非固化橡胶沥青防水涂料	—	kg	20.26	17.93
290	纳米防水涂料	—	kg	23.19	20.52
291	防腐涂料	乙烯基脂类材料	kg	43.46	38.46
292	喷涂聚脲		kg	57.95	51.28
293	自粘胶带	—	m	14.49	12.82
294	聚氨酯建筑密封胶	—	mL	48.31	42.75
295	彩色玻纤胎沥青瓦	1000mm×333mm	片	5.17	4.58
296	波形沥青瓦	2000mm×950mm	m²	87.01	77.00
297		2000mm×1220mm	m²	92.66	82.00
298	橡胶止水带	背贴，400×10mm，12MPa	m	83.78	74.14
299		中埋，400×10mm，12MPa	m	88.65	78.45
300	腻子型遇水膨胀止水条	30×20mm	m	6.82	6.04
301		30×40mm	m	13.64	12.07
（八）油品、化工原料及胶粘材料					
302	汽油	92 号	L	8.18	7.24
303	柴油	0 号	L	7.84	6.94
304	汽油	92 号	kg	10.9	9.65
305	柴油	0 号	kg	9.22	8.16
306	聚合物黏结砂浆	—	kg	0.80	0.71
307	聚合物抹面砂浆	—	kg	0.80	0.71
308	陶瓷黏结砂浆	—	kg	0.80	0.71
309	801 建筑胶	—	kg	3.09	2.73
310	901 建筑胶	—	kg	3.66	3.24

序号	材料名称	规格型号	单位	含税价格	除税价格
311	板材万能胶	—	kg	16.25	14.38
312	108 环保建筑胶	—	kg	2.41	2.13
313	泵送剂（液体）	聚羧酸系	t	2704.27	2393.16
314	高性能减水剂（保坍型）	液剂	t	7000.00	6194.69
315	高性能减水剂（减水型）	液剂	t	6500.00	5752.21
316	膨胀剂（粉剂）	UEA	t	869.23	769.23
317	防冻剂（粉剂）	—	t	2511.11	2222.22
318	防冻泵送剂（液剂）	—	t	2800.85	2478.63
319	高性能抗裂膨胀剂（粉剂）	—	t	1883.33	1666.66
320	聚合物纤维膨胀剂（粉剂）	—	t	2704.27	2393.16
321	抗裂膨胀剂（粉剂）	HEA	t	1931.62	1709.40
322	聚丙烯纤维（网状）	19mm	t	33803.42	29914.5
323	膨胀纤维抗裂防水剂（粉剂）	—	t	2897.44	2564.11
324	抗裂防水剂（粉剂）	HEA	t	1786.74	1581.19
325		DMA	t	2511.11	2222.22
326	砂浆防水剂	—	kg	860.00	761.06
327	混凝土防水密实剂	—	kg	220.00	194.69
328	防腐蚀阻锈抗裂防水剂	BM－FZ	t	2994.01	2649.57
329	乳化密实补缩剂	HS－L	t	5601.72	4957.27
330	乳化复合抗硫酸盐防腐阻锈剂	CRA	t	8692.31	7692.31
331	SMC 常温沥青改性剂	—	kg	16.85	14.53
332	SMC 常温沥青再生剂	—	kg	17.84	15.38
333	水性地面硬化剂	Ⅱ型	kg	22.00	19.47
334	复合矿物掺合料	散装	t	202.82	179.49
335	聚酯无纺布	300g	m²	5.50	4.87
336		400g	m²	7.50	6.64
337	土工膜	300g×0.8mm×300g	m²	29.38	26.00
（九）绝热（保温）、耐火材料					
338	绝热用挤塑聚苯乙烯泡沫塑料（XPS 板）	B₁级	m³	640.00	566.37
339		B₂级	m³	540.00	477.88
340	绝热用模塑聚苯乙烯泡沫塑料（EPS 板）	039 级 18kg/m³	m³	342.00	302.65
341		039 级 20kg/m³	m³	380.00	336.28
342		039 级 22kg/m³	m³	418.00	369.91

序号	材料名称	规格型号	单位	含税价格	除税价格
343	EPS 模块保温板	B_1 级 20kg/m³	m³	643.23	569.23
344		B_1 级 25kg/m³	m³	782.31	692.31
345	EPS 模块保温板	B_1 级 30kg/m³	m³	912.69	807.69
346		B_2 级 20kg/m³	m³	625.85	553.85
347		B_2 级 25kg/m³	m³	760.57	673.07
348		B_2 级 30kg/m³	m³	886.62	784.62
349	轻钢结构 EPS 模块保温板	B_2 级 30kg/m³	m³	725.99	642.47
350		B_2 级 30kg/m³	m³	700.95	620.31
351	现浇混凝土 EPS 模块保温板	B_1 级 30kg/m³	m³	912.69	807.69
352		B_2 级 30kg/m³	m³	886.62	784.62
353	剪力墙 EPS 模块保温板	30kg/m³	m³	650.89	576.01
354	建筑绝热用石墨改性模塑聚苯乙烯保温板	033 级 20kg/m³	m³	420.00	371.68
355		033 级 22kg/m³	m³	462.00	408.85
356	热固复合改性聚苯乙烯泡沫保温板	A_2 级 140～200kg/m³	m³	850.00	752.21
357	岩棉保温板	A 级 120kg/m³	m³	389.12	344.35
358		A 级 140kg/m³	m³	450.56	398.73
359	硅酸铝毡	90kg/m³	m³	406.80	360.00
360		128kg/m³	m³	572.97	507.05
361	离心玻璃棉管壳	32kg/m³	m³	402.28	356.00
362	离心玻璃棉毡	32kg/m³	m³	196.62	174.00
363	离心玻璃棉板	32kg/m³	m³	276.85	245.00
（十）散热器、井盖、井箅					
364	铜铝复合散热器	TLF－201－X/6－1.0	片	93.30	82.56
365		TLF－501－X/6－1.0	片	79.10	70.00
366		TL－K－600	片	104.88	92.82
367		TL－M－600	片	141.41	125.15
368		SX－601－X/6－1.0	片	43.61	38.59
369		SX－501－X/6－1.0	片	53.75	47.56
370		SX－201－X/6－1.0	片	58.82	52.05
371		GL－105－600mm	片	67.94	60.13
372		GL－109－600mm	片	56.79	50.26

续表

序号	材料名称	规格型号	单位	含税价格	除税价格
373	钢制柱翼散热器	SX－Ⅰ－X/6－1.0	片	55.78	49.36
374		SX－Ⅱ－X/6－1.0	片	58.82	52.05
375		GZ5－Ⅱ600mm	片	50.85	45.00
376		GS－Ⅰ型	片	60.90	53.89
377		GS－Ⅲ型	片	63.00	55.75
378		GS－Ⅴ型	片	73.50	65.04
379	板式太阳能	P－J－F－2－100/1.95/0.60	套	5019.81	4442.31
380	球墨铸铁井盖（防盗）	轻型φ700	套	376.37	333.07
381		重型φ700	套	523.82	463.56
382	球墨铸铁雨水井箅	450mm×750mm	套	443.34	392.34
383	高分子复合井箅	450mm×750mm	套	304.84	269.77
		（十一）卫生洁具			
384	陶瓷洗脸盆	台上式	件	210.00	185.84
385		台下式	件	150.00	132.74
386		立柱式	件	220.00	194.69
387	坐便器	普通式	套	600.00	530.90

附表 C.2　建筑工程普通预拌混凝土价格

单位：元/m³

序号	地区＼强度等级	C15	C20	C25	C30	C35	C40	C45	C50	C55	C60	C65	C70
1	银川市	360	373	384	396	417	440	470	507	554	594	629	673
2	灵武市	337	348	361	372	393	416	445	482	—	—	—	—
3	大武口区	306	316	330	345	364	383	413	451	—	—	—	—
4	平罗县	306	316	330	345	364	383	413	451	—	—	—	—
5	惠农区	301	311	320	335	354	374	403	442	—	—	—	—
6	利通区	311	320	330	340	359	379	408	447	—	—	—	—
7	青铜峡市	311	320	330	340	359	379	408	447	—	—	—	—
8	红寺堡区	359	369	379	388	408	427	456	495	—	—	—	—
9	同心县	359	369	379	388	408	427	456	495	—	—	—	—
10	盐池县	369	379	388	398	417	437	466	505	—	—	—	—
11	原州区	379	388	398	422	442	461	490	519	—	—	—	—

序号	强度等级 地区	C15	C20	C25	C30	C35	C40	C45	C50	C55	C60	C65	C70
12	彭阳县	437	447	456	466	495	515	—	—	—	—	—	—
13	隆德县	437	447	456	466	495	515	—	—	—	—	—	—
14	泾源县	447	456	466	485	505	524	—	—	—	—	—	—
15	西吉县	437	447	456	466	495	515	534	—	—	—	—	—
16	沙坡头区	311	320	330	340	354	359	369	408				
17	中宁县	311	320	330	340	354	359	369	408				
18	海原县	369	379	388	398	417	432	442	456				
19	宁东	374	383	393	402	417	461	—	—				
20	各市县	—	64	73	85	95	104	109	113				

说明：1. 此价格为含运杂费（运输距离 10km 以内）、泵送费（泵送高度 80m 以内）的价格；运距 10km 以上每增 1km 加运费 1 元/m³（适用于城区范围内），80m 以上采用超高压泵送费增加 44 元/m³；非泵送同强度等级减 9 元/m³。

2. 抗渗混凝土：P6 用 UEA 加 27 元/m³，用 HEA 加 31 元/m³，P8 用 UEA 加 28 元/m³，用 HEA 加 35 元/m³。

3. 抗冻融混凝土：F100 加 22 元/m³，F150 加 31 元/m³，F200 加 40 元/m³，F250 加 44 元/m³，F300 加 53 元/m³。

4. 抗裂混凝土添加聚丙烯纤维（网状）加 27 元/m³，添加 HE–Y 高性能抗裂膨胀剂加 64 元/m³。

5. 抗冻混凝土：最低温度 –5℃，加 24 元/m³；最低温度 –10℃，加 31 元/m³；最低温度 –15℃，加 35 元/m³。

6. 细石混凝土加 15 元/m³；使用抗硫酸盐防腐阻锈剂加 66 元/m³；HS–L 乳化密实补缩剂加 49 元/m³。

7. 自密实或高抛免振混凝土：C30～C55 加 39 元/m³；C60 及以上加 49 元/m³。

8. 各市县预拌混凝土价格由各市建设工程造价管理机构采集测算。